相対論の世界

九州大学教授　　熊本大学名誉教授
理学博士　　　　理学博士

橋本正章　荒井賢三

共著

裳華房

SPECIAL AND GENERAL RELATIVITY

by

Masa-aki HASHIMOTO, DR. SC.

Kenzo ARAI, DR. SC.

SHOKABO

TOKYO

まえがき

　本書は理工系大学生を対象とした相対性理論（本書では相対論とよぶ）の教科書である．特殊相対論も一般相対論も，どちらも時間・空間を取り扱う学問である．前者は物体の運動速度が光速度に近くなると効果を発揮する．しかし，特殊相対論は慣性系の枠内で組み立てられた理論であり，時空は平坦であるので重力を正確に取り扱うことができない．そこで，加速度系も取り扱うことのできる重力理論として一般相対論が登場する．アインシュタインは1905年に特殊相対論を発表し，さらに，自由落下する系に移ると重力を消すことができるという"生涯で最高のアイデア"を得て，1916年に一般相対論を発表した．その間，10年もの歳月を要している．特殊相対論から一般相対論への飛躍がいかに困難であったかがわかる．

　相対論は直観的にはなかなか理解しにくいといわれている．そこで相対論の考え方に慣れてもらうため，例と問を随所にちりばめることにした．ニュートン力学において，時間は過去から未来へ向けて一様に進むパラメーターであるが，相対論では時間と空間とを同等に取り扱うので，同時刻の出来事は座標系によって異なる．特殊相対論はそれまで別の分野であった力学と電磁気学をひとつの体系としてまとめたという点にも大きな意義がある．物体の速度が光速度に近くなると，物体の長さが短くなったり，時間の進み方が遅くなるなど，日常生活とはかけ離れた現象に遭遇することになる．一般相対論の本質はニュートンの万有引力による重力理論を拡張し，重力場を時空の曲がりに帰着した点にある．時空が曲がるために，重力場では光の径路も曲げられるのである．ブラックホールなどの強い重力場を扱うと日常とは異質な世界に入り込む．

　特殊相対論は物理の諸分野でも顔を出し，特に，素粒子物理学は量子力学

と特殊相対論の枠組を基に構成されている．一方，一般相対論が活躍するのは宇宙物理学の分野が多いので，例や問はほとんど宇宙関連に限定した．ただし，一般相対論が日常的に使われているものとして，カーナビや携帯ナビなどの基となる GPS（全地球測位システム）がある．

第 1 章から 3 章までは特殊相対論を学ぶ．第 1 章では特殊相対論の基礎を提示し，ローレンツ収縮や時計の遅れを取り扱い，4 次元時空の概念を習得する．双子のパラドックスも考える．第 2 章で相対論的力学を学び，有名な $E = mc^2$ の式を導出する．さらに，4 元ベクトルを導入し，粒子の散乱問題を扱う．第 3 章の相対論的電磁気学では，もともと相対論と無矛盾であったマクスウェル方程式を相対論的に書きかえ，相対論的力学に結びつける．エネルギー運動量の保存則にも言及する．第 4 章でテンソル代数と一般相対論の基礎を学ぶ．ニュートンの運動方程式に相当する測地線方程式，およびポアソン方程式を拡張した重力場の方程式を導出する．さらに，重力波を線形近似で取り扱う．

第 5 章から 7 章までは相対論と切っても切り離せない宇宙物理学の分野を詳しく説明していく．第 5 章でシュヴァルツシルトの解を導き，一般相対論の最も劇的な結果であるブラックホールを紹介する．さらに，一般相対論の実験的検証となった水星の近日点移動，重力場における光の屈折を扱う．第 6 章で相対論の効果が顕著に現れる高密度星，すなわち白色矮星と中性子星について説明し，白色矮星の上限質量（チャンドラセカール質量）を超えた場合の破局的結末，ブラックホールとの関連も示す．

第 7 章で宇宙論への応用を取り扱う．膨張宇宙を記述するフリードマン方程式を導出し，その解を詳細に検討する．最後に，ビッグバン元素合成にも言及する．現代宇宙論，つまりビッグバン理論の根幹が一般相対論を土台にしていることが理解されよう．一般相対論なしには宇宙論は語れないのである．ブラックホール物理や宇宙論は急速に進展している分野である．それらのテーマをすべて網羅することは到底無理であるので，ここでは非常に基礎

的な事項のみを取り上げている．

　また，各章の章末には，アインシュタインの生涯を簡単に記している．20世紀最大の天才といわれた人間の足跡をたどってほしい．

　一般相対論を学び始めて，テンソル計算で挫折したという話はよく耳にすることである．アインシュタインが道なき荒れ野をさまよった道程も，今日では道しるべの整備された山道のようなものであろう．厳しいけれど我慢して登るならば，山頂に到達したときには素晴らしい景色が待ち受けているであろうし，さらに，その奥にそびえる山々に挑みたく思えてくるものである．

　本書を学ぶに際して，電磁気学をマクスウェル方程式まで学んでいない場合には，電磁気学と関連した記述を飛ばしても読み進めることができる．さらに，例や問は相対論を理解する上で必ずしも全部必要というわけではないので，適宜省略しても差し支えない．相対論の基本的なことは特殊相対論の第1章，および一般相対論の第4章である．そこをしっかりと学習してほしい．テンソルの添字が上下にあって戸惑うこともあろうが，使って慣れることが肝要である．数式の導出は丁寧に説明したので，独習も可能であろう．挫折することなく読み進めて行かれることを願う．

　最後に，本書の執筆をすすめてくださり，刊行するまでいろいろと御尽力いただいた裳華房の石黒浩之氏に感謝します．

2014年10月

　　　　　　　　　　　　　　　　　　　　　　　　著　　者

目　　次

第1章　特殊相対論の基礎

1.1　ガリレイ変換・・・・・・・・1
1.2　マイケルソン-モーリーの実験
　　　・・・・・・・・・・・4
1.3　ローレンツ変換・・・・・・・7
1.4　ローレンツ変換からの帰結・・12
1.5　4次元時空・・・・・・・・・19
1.6　双子のパラドックス・・・・・25
第1章のまとめ・・・・・・・・・28

第2章　相対論的力学

2.1　ローレンツ変換の一般形・・・30
2.2　質量と運動量・・・・・・・・31
2.3　運動エネルギー・・・・・・・34
2.4　運動量とエネルギーに対する
　　　変換式・・・・・・・・・39
2.5　4元ベクトル・・・・・・・・41
2.6　4元速度, 4元運動量・・・・・51
2.7　粒子の衝突・散乱・・・・・・53
2.8　運動方程式・・・・・・・・・58
2.9　質点のラグランジュ関数と
　　　ハミルトン関数・・・・・60
第2章のまとめ・・・・・・・・・64

第3章　相対論的電磁気学

3.1　マクスウェル方程式と
　　　電磁ポテンシャル・・・・67
3.2　マクスウェル方程式の
　　　4次元定式化・・・・・・70
3.3　ローレンツ変換された電磁場
　　　・・・・・・・・・・・75
3.4　ローレンツ力・・・・・・・81
3.5　エネルギー運動量テンソル
　　　・・・・・・・・・・・85
3.6　エネルギー運動量の保存則
　　　・・・・・・・・・・・90
3.7　電磁場のラグランジュ関数
　　　・・・・・・・・・・・91
第3章のまとめ・・・・・・・・・93

第4章　一般相対論の基礎

4.1 一般相対性原理と等価原理‥96
4.2 4次元テンソル‥‥‥98
4.3 質点の運動方程式‥‥‥103
4.4 ベクトルの平行移動と共変微分
　　‥‥‥‥‥‥‥108
4.5 リーマンテンソル‥‥‥112
4.6 重力場の方程式‥‥‥‥118
4.7 変分原理による重力場の方程式
　　‥‥‥‥‥‥‥123
4.8 重力波‥‥‥‥‥‥127
第4章のまとめ‥‥‥‥‥130

第5章　シュヴァルツシルト時空

5.1 シュヴァルツシルト計量‥133
5.2 シュヴァルツシルト
　　ブラックホール‥‥‥139
5.3 質点の運動‥‥‥‥‥142
5.4 光の径路‥‥‥‥‥‥148
5.5 クルスカル座標‥‥‥‥153
第5章のまとめ‥‥‥‥‥155

第6章　相対論的高密度星

6.1 ポリトロープ‥‥‥‥158
6.2 星の安定性‥‥‥‥‥162
6.3 状態方程式‥‥‥‥‥165
6.4 白色矮星‥‥‥‥‥‥172
6.5 中性子星‥‥‥‥‥‥174
第6章のまとめ‥‥‥‥‥180

第7章　宇宙論の基礎

7.1 ハッブルの法則‥‥‥182
7.2 ロバートソン-ウォーカー計量
　　‥‥‥‥‥‥‥184
7.3 フリードマン方程式‥‥188
7.4 宇宙の構成要素‥‥‥191
7.5 フリードマン方程式の解‥193
7.6 見かけの等級と赤方偏移の関係
　　‥‥‥‥‥‥‥200
7.7 ビッグバン元素合成‥‥206
第7章のまとめ‥‥‥‥‥210

問題略解 ・・・・・・・・・・・・・・・・・・・・・214
索引 ・・・・・・・・・・・・・・・・・・・・・・・223

コ ラ ム

アインシュタイン小伝 (1) ・・・・・・・・・・・28
アインシュタイン小伝 (2) ・・・・・・・・・・・65
アインシュタイン小伝 (3) ・・・・・・・・・・・94
アインシュタイン小伝 (4) ・・・・・・・・・・131
アインシュタイン小伝 (5) ・・・・・・・・・・156
アインシュタイン小伝 (6) ・・・・・・・・・・180
アインシュタイン小伝 (7) ・・・・・・・・・・211

第1章 特殊相対論の基礎

第1章の学習目標

特殊相対論の基本原理から導かれる時間と空間の相対的な関係を理解する．

物理法則が座標系の取り方によらず，同じ形で表されるという相対性の基本概念はアインシュタイン以前にも，古典力学において存在していた．アインシュタインは相対性の概念を力学に限らず，光学や電磁気学を含む物理法則に適用することによって，新しい理論を作り上げた．それは慣性系に限られているが，得られたことは時間・空間に関する日常の概念を根底から変革するものとなった．特殊相対論はもちろんアインシュタインの考えに基づくものであるが，マッハの思想，ローレンツの業績やミンコフスキーの影響も大切である．

 ## 1.1 ガリレイ変換

まず，ニュートン力学を考えてみよう．慣性系 S において，位置ベクトル r にある質量 m の質点に力 F が作用しているとき，運動方程式は

$$m\frac{d^2 r}{dt^2} = F \qquad (1.1)$$

である．図 1.1 に示すように，S系に対して一定の速度 v で並進運動をしている別の慣性系 S′ における質点の位置ベクトルは

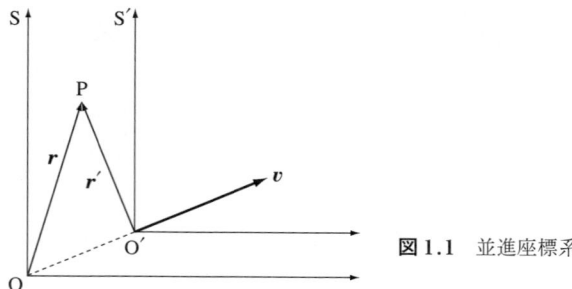

図 1.1 並進座標系

$$\boldsymbol{r}' = \boldsymbol{r} - \boldsymbol{v}t \tag{1.2}$$

で与えられる．これを**ガリレイ変換**という．古典物理学では，すべての座標系で時間は等しいと暗黙に見なされており

$$t' = t$$

である．(1.2) を t で微分すると，速度の変換則

$$\frac{d\boldsymbol{r}'}{dt'} = \frac{d\boldsymbol{r}}{dt} - \boldsymbol{v} \tag{1.3}$$

となり，さらに微分すると

$$\frac{d^2\boldsymbol{r}'}{dt'^2} = \frac{d^2\boldsymbol{r}}{dt^2}$$

となる．

質量は質点に固有の量であるから $m = m'$ であり，S′ 系で見た力を $\boldsymbol{F}'$ とすると，S′ 系での運動方程式

$$m'\frac{d^2\boldsymbol{r}'}{dt'^2} = \boldsymbol{F}' \tag{1.4}$$

が得られる．S′ 系に変換された運動方程式は，すべての量にプライム (′) 記号をつけるだけで，S 系と全く同じ形で表される．すなわち，"ニュートンの運動方程式はガリレイ変換に対して不変に保たれている" のである．つまり，"すべての慣性系は力学的に同等である"．これを**ガリレイの相対性原理**という．

次に，真空中での電磁気学を考えてみよう．簡単のため，電荷密度 $\rho = 0$，電流密度 $\boldsymbol{j} = \boldsymbol{0}$ とすると，**マクスウェル方程式**は

$$\mathrm{div}\,\boldsymbol{D} = 0 \tag{1.5}$$

$$\mathrm{rot}\,\boldsymbol{E} = -\frac{\partial \boldsymbol{B}}{\partial t} \tag{1.6}$$

$$\mathrm{div}\,\boldsymbol{B} = 0 \tag{1.7}$$

$$\mathrm{rot}\,\boldsymbol{H} = \frac{\partial \boldsymbol{D}}{\partial t} \tag{1.8}$$

と表される．ここで，$\boldsymbol{D}$, $\boldsymbol{E}$, $\boldsymbol{B}$, $\boldsymbol{H}$ は電束密度，電場の強さ，磁束密度，磁場の強さであり

$$\boldsymbol{D} = \varepsilon_0 \boldsymbol{E}, \qquad \boldsymbol{B} = \mu_0 \boldsymbol{H} \tag{1.9}$$

という関係がある．ε_0 と μ_0 は真空の誘電率と透磁率であり

$$\varepsilon_0 \mu_0 = \frac{1}{c^2} \tag{1.10}$$

が成立する．ただし，c は真空中の光の速さであり，その値は $c = 2.9979 \times 10^8\,\mathrm{m/s}$ である．

ベクトル解析の公式

$$\mathrm{rot}\,\mathrm{rot}\,\boldsymbol{E} = \mathrm{grad}\,\mathrm{div}\,\boldsymbol{E} - \mathrm{div}\cdot\mathrm{grad}\,\boldsymbol{E}$$

に (1.5), (1.6), (1.8) を代入すると，電場 $\boldsymbol{E}$ に対する波動方程式

$$\left(-\frac{1}{c^2}\frac{\partial^2}{\partial t^2} + \frac{\partial^2}{\partial x^2} + \frac{\partial^2}{\partial y^2} + \frac{\partial^2}{\partial z^2}\right)\boldsymbol{E} = \boldsymbol{0} \tag{1.11}$$

が得られる．同様に磁場 $\boldsymbol{H}$ に対しても

$$\left(-\frac{1}{c^2}\frac{\partial^2}{\partial t^2} + \frac{\partial^2}{\partial x^2} + \frac{\partial^2}{\partial y^2} + \frac{\partial^2}{\partial z^2}\right)\boldsymbol{H} = \boldsymbol{0} \tag{1.12}$$

である．これは電磁場が光速 c で伝わることを示している．

さて，(1.11), (1.12) がガリレイ変換に対して不変に保たれるかどうかを調べよう．簡単のため，S' 系が x 方向に運動している場合を考える．(1.2) は

$$x' = x - vt, \quad y' = y, \quad z' = z \tag{1.13}$$

と書ける．この座標変換に対して，偏微分は

$$\frac{\partial}{\partial x} = \frac{\partial t'}{\partial x}\frac{\partial}{\partial t'} + \frac{\partial x'}{\partial x}\frac{\partial}{\partial x'} = \frac{\partial}{\partial x'}$$

$$\frac{\partial}{\partial y} = \frac{\partial}{\partial y'}, \quad \frac{\partial}{\partial z} = \frac{\partial}{\partial z'}$$

$$\frac{\partial}{\partial t} = \frac{\partial t'}{\partial t}\frac{\partial}{\partial t'} + \frac{\partial x'}{\partial t}\frac{\partial}{\partial x'} = \frac{\partial}{\partial t'} - v\frac{\partial}{\partial x'}$$

であるから

$$-\frac{1}{c^2}\frac{\partial^2}{\partial t^2} + \frac{\partial^2}{\partial x^2} = -\frac{1}{c^2}\left(\frac{\partial}{\partial t'} - v\frac{\partial}{\partial x'}\right)^2 + \frac{\partial^2}{\partial x'^2}$$

となり，(1.11)の形を不変に保つことはできない．すなわち，"マクスウェル方程式はガリレイ変換に対して不変でない"といえる．

そこで，マクスウェル方程式が成り立つのは，たくさんある座標系のうち$v = 0$という特別な座標系，つまり，絶対静止系だけなのであろうかという疑問が生じる．19世紀後半まで，時間・空間の概念はすべての系で同等なものと見なされてきたので，絶対静止系そのものの存在が問われてくるのである．

1.2 マイケルソン – モーリーの実験

マクスウェル方程式が成り立つ座標系で光は速さcで進む．光の進む向きに速さvで運動している座標系で見れば，(1.3)より，光速は$c - v$となるであろうから，もし絶対静止系というものが存在するならば，その系に対する地球の運動が測定できるはずである．

このことを意図した実験の1つとして，マイケルソン – モーリーの干渉計を用いた実験がある．図1.2はその実験装置を簡略化したものである．光源Lから出た光は銀を薄くメッキした半透明の鏡Pで2方向に分けられる．一方の光はPを通過し，鏡M_1で反射され，Pに戻り，一部はそこで反射され

て干渉計 T に入る．他方の光は P で反射された後，鏡 M_2 で反射され，P を通過して T に至り，干渉縞を生じる．

この装置が PM_1 の方向に速さ v で運動しているとして，所要時間の差を計算してみよう．光が PM_1 を往復する時間は

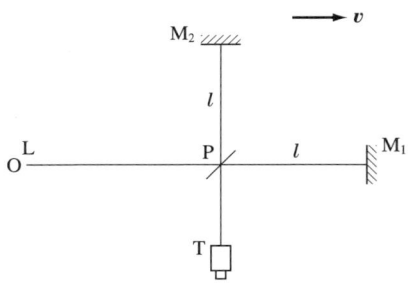

図 1.2 干渉計実験の模式図

$$t_1 = \frac{l}{c-v} + \frac{l}{c+v} = \frac{2l}{c}\frac{1}{1-v^2/c^2}$$

である．一方，光が PM_2 を往復する時間は図 1.3 の径路 PM_2P' を進むのに要した時間となるから

$$t_2 = \frac{2l}{\sqrt{c^2-v^2}} = \frac{2l}{c}\frac{1}{\sqrt{1-v^2/c^2}}$$

が得られる．そこで，t_1 と t_2 の差を取ると

$$\Delta t = t_1 - t_2 = \frac{2l}{c}\left[\frac{1}{1-v^2/c^2} - \frac{1}{\sqrt{1-v^2/c^2}}\right]$$

であり，$v \ll c$ として展開すると

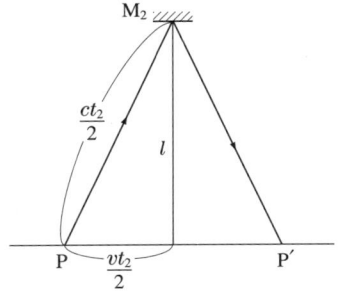

図 1.3 PM_2 の往復径路

6　1. 特殊相対論の基礎

$$\Delta t \simeq \frac{2l}{c}\left[1 + \frac{v^2}{c^2} + \cdots - \left(1 + \frac{v^2}{2c^2} + \cdots\right)\right]$$
$$\simeq \frac{lv^2}{c^3}$$

と近似できる．

この時間差は波長 λ の光に対して位相差

$$\Delta\phi = 2\pi \frac{c}{\lambda} \Delta t = 2\pi \frac{l}{\lambda} \frac{v^2}{c^2}$$

を生じる．したがって，この装置を運動方向 PM_1 に対して 90° 回転すると，干渉縞は縞の間隔に比べて

$$\delta = \frac{2l}{\lambda} \frac{v^2}{c^2}$$

だけずれることになる．

　マイケルソン-モーリーの実験では，ナトリウムの単色光 $\lambda = 5.89 \times 10^{-7}$ m と $l = 11$ m の装置が使われた．地球の公転速度は 29.8 km/s であるから，予想される干渉縞のずれは $\delta = 0.37$ となる．しかしながら，測定されたずれはわずか 0.01 にすぎなかった．さらに，地球の公転速度の向きが年間を通して変化するにもかかわらず，ずれの大きさは変わらなかった．つまり，絶対静止系に対する地球の運動は測定できなかったのである．地球は公転運動をしているので，その運動を検出できないということは，絶対静止系の存在が否定されたことを意味する．

　この否定的な結果に対して，ローレンツ[1]は"速度 v で運動する物体は，その運動方向の長さが $(1 - v^2/c^2)^{1/2}$ の割合で収縮する"という，大胆な仮説を提唱した．

　この仮説を認めるなら，光が PM_1 を往復する時間は

---

1)　H. A. Lorentz (1853 - 1928) オランダ生まれ．電子論の開拓者．

$$t_1 = \frac{l\sqrt{1-v^2/c^2}}{c-v} + \frac{l\sqrt{1-v^2/c^2}}{c+v}$$
$$= \frac{2l}{c}\frac{1}{\sqrt{1-v^2/c^2}}$$

であるから，時間差は $\Delta t = 0$ となる．このようにして干渉縞にずれが生じないことをうまく説明できたが，物体が運動方向にのみ収縮する理由は不明確であった．

1.3　ローレンツ変換

アインシュタインは1905年に極めて簡明な原理に基づいて，新しい理論体系を作り上げ，それまでの深刻な矛盾を解決した．それが**特殊相対論**であり，その原理とは次の2つである．

相対性原理

物理法則はすべての慣性系において同じ形式で表現される．すなわち，すべての慣性系は物理的に同等である．

光速度一定の原理

真空中の光の速さは光源の運動に関係なく一定である．

この2つの原理を基にして，ガリレイ変換に代わる新しい変換式を求めよう．図1.4に示すように，S'系はS系の x 軸方向に一定の速さ v で運動しているとする．S系の原点OとS'系の原点O'が一致した時刻を $t = t' = 0$ とし，そのときにOから発せられた光の波面を考える．

光が点 $\mathrm{P}(x, y, z)$ に達する時刻を t とすると，光は速さ c でOを中心と

して球面状に広がるので，波面の方程式は

$$-c^2t^2 + x^2 + y^2 + z^2 = 0 \tag{1.14}$$

と書ける．この波を S′ 系から見ると，光速度一定の原理によって，光は O′ を中心として球面状に速さ c で広がる．S′ 系で見た点 P の座標を

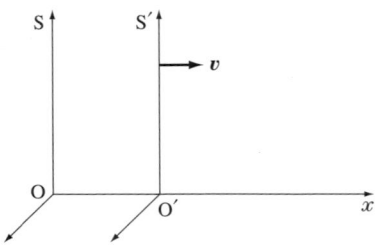

図 1.4 x 軸方向への並進座標系

(x', y', z')，そこに光が到達した時刻を t' とすると，波面の方程式は

$$-c^2t'^2 + x'^2 + y'^2 + z'^2 = 0 \tag{1.15}$$

である．

相対性原理によれば，S 系での等速直線運動を S′ 系で見れば，やはり等速直線運動となる．このことから，(t', x', y', z') は (t, x, y, z) の 1 次関数となる．さらに，x 軸方向の運動に対して y と z は変化しないから

$$y' = y, \quad z' = z \tag{1.16}$$

である．

(1.14), (1.15), (1.16) より

$$-c^2t'^2 + x'^2 = -c^2t^2 + x^2 \tag{1.17}$$

となる．ここで，求める 1 次変換を

$$\left.\begin{array}{l} x' = a_{11}x + a_{12}t \\ t' = a_{21}x + a_{22}t \end{array}\right\} \tag{1.18}$$

とおく．

S′ 系の原点 O′ は

$$x' = 0 = a_{11}x + a_{12}t$$

で与えられ，その点は S 系において速度 v で運動しているから

$$v = \frac{x}{t} = -\frac{a_{12}}{a_{11}}$$

である．逆に，S系の原点OはS'系において速度 $-v$ で運動しているから，(1.18)で $x = 0$ とおくと

$$-v = \frac{x'}{t'} = \frac{a_{12}}{a_{22}}$$

となる．これらをまとめると

$$x' = a_{11}(x - vt)$$
$$t' = a_{21}x + a_{11}t$$

と書ける．これを (1.17) に代入し，x^2, xt, t^2 の項の係数を比較すると

$$\left.\begin{array}{l} a_{11}^2 - c^2 a_{21}^2 = 1 \\ a_{11}(a_{11}v + a_{21}c^2) = 0 \\ a_{11}^2(c^2 - v^2) = c^2 \end{array}\right\}$$

が得られる．これを満足する解は

$$a_{11} = \frac{1}{\sqrt{1 - v^2/c^2}}, \qquad a_{21} = -\frac{v}{c^2}\frac{1}{\sqrt{1 - v^2/c^2}}$$

である．ただし，$v \to 0$ で $x \to x'$ となるように $a_{11} > 0$ を取った．

したがって，変換式は

$$\left.\begin{array}{l} x' = \dfrac{x - vt}{\sqrt{1 - v^2/c^2}}, \qquad y' = y, \qquad z' = z \\[2mm] t' = \dfrac{t - vx/c^2}{\sqrt{1 - v^2/c^2}} \end{array}\right\} \qquad (1.19)$$

と表される．あるいは

$$\beta = \frac{v}{c}, \qquad \gamma = \frac{1}{\sqrt{1 - \beta^2}} \qquad (1.20)$$

を用いると

$$\left.\begin{array}{l} x' = \gamma(x - \beta ct), \qquad y' = y, \qquad z' = z \\ ct' = \gamma(ct - \beta x) \end{array}\right\} \qquad (1.21)$$

と簡潔に書ける．(1.19) または (1.21) を**ローレンツ変換**という．時間はも

はやすべての座標系で等しくはならず，座標変換によって変化することに注意しよう．$v \ll c$ のとき，$\gamma \simeq 1$ となるから，(1.19) はガリレイ変換 (1.13) に帰着する．さらに，ローレンツ変換が物理的に意味を持つためには $v < c$ でなければならない．(1.20) の γ はローレンツ因子といわれる．

 $v \simeq c$，つまり $\beta = 1 - \varepsilon$ ($0 < \varepsilon \ll 1$) のときローレンツ因子は

$$\gamma \simeq \frac{1}{\sqrt{2\varepsilon}}$$

と近似できることを示せ．

S 系と S′ 系が対等であることを思い出すと，(1.21) の逆変換は単に v を $-v$ でおきかえればよいことがわかる．すなわち

$$\left.\begin{array}{l} x = \gamma(x' + \beta ct'), \quad y = y', \quad z = z' \\ ct = \gamma(ct' + \beta x') \end{array}\right\} \quad (1.22)$$

である．

 ローレンツ変換 (1.21) を x と ct について直接解くことにより，逆変換 (1.22) を求めよ．

さて，ここで波動方程式 (1.11), (1.12) を不変に保つような 1 次変換 (1.18) の係数 a_{ij} を求めてみよう．(1.18) を用いると，偏微分は

$$\frac{\partial}{\partial x} = \frac{\partial t'}{\partial x}\frac{\partial}{\partial t'} + \frac{\partial x'}{\partial x}\frac{\partial}{\partial x'} = a_{21}\frac{\partial}{\partial t'} + a_{11}\frac{\partial}{\partial x'}$$

$$\frac{\partial}{\partial t} = \frac{\partial t'}{\partial t}\frac{\partial}{\partial t'} + \frac{\partial x'}{\partial t}\frac{\partial}{\partial x'} = a_{22}\frac{\partial}{\partial t'} + a_{12}\frac{\partial}{\partial x'}$$

であるから

$$-\frac{1}{c^2}\frac{\partial^2}{\partial t^2} + \frac{\partial^2}{\partial x^2} = -(a_{22}^2 - c^2 a_{21}^2)\frac{1}{c^2}\frac{\partial^2}{\partial t'^2} - 2\left(\frac{a_{12}a_{22}}{c^2} - a_{11}a_{21}\right)\frac{\partial}{\partial t'}\frac{\partial}{\partial x'}$$

$$+ \left(a_{11}^2 - \frac{a_{12}^2}{c^2}\right)\frac{\partial^2}{\partial x'^2}$$

$$(1.23)$$

と書ける．これが

$$-\frac{1}{c^2}\frac{\partial^2}{\partial t'^2} + \frac{\partial^2}{\partial x'^2}$$

と等しくなるためには

$$a_{22}^2 - c^2 a_{21}^2 = 1$$
$$a_{12}a_{22} - c^2 a_{11}a_{21} = 0$$
$$c^2 a_{11}^2 - a_{12}^2 = c^2$$

となることが必要である．

なお，$\cosh^2\theta - \sinh^2\theta = 1$ の関係を思い出すと，変換係数は

$$a_{11} = a_{22} = \cosh\theta, \qquad \frac{a_{12}}{c} = c\,a_{21} = \sinh\theta \tag{1.24}$$

と書ける．ここで $\theta \ll 1$ のとき，$\cosh\theta \simeq 1$, $\sinh\theta \simeq \theta$ であり，(1.18) がガリレイ変換 (1.13) に帰着すると仮定すれば

$$a_{11} \simeq 1, \qquad a_{12} \simeq -v, \qquad a_{21} \simeq 0, \qquad a_{22} \simeq 1$$

であるから，$\theta \simeq -\beta$ を得る．したがって

$$\cosh\theta = \frac{1}{\sqrt{1-\beta^2}}, \qquad \sinh\theta = -\frac{\beta}{\sqrt{1-\beta^2}} \tag{1.25}$$

と表せる．

 (1.24)，(1.25) を (1.18) に代入した結果はローレンツ変換そのものとなる．実際，1904 年にローレンツおよびポアンカレ[2]はマクスウェル方程式を不変に保つという立場から，この変換式を独立に導いていた．一方，アインシュタインは彼らの結果を知らずに，マクスウェル方程式に頼ることなく，むしろ，光速度一定という簡単な原理を前提としてローレンツ変換を導いた．特定の理論に依存しないという点に大きな意義がある．

---

2) J. H. Poincaré (1854 - 1912) フランス生まれの数学者．電磁波理論や天体力学にも多くの業績がある．

1.4 ローレンツ変換からの帰結

（1）速度の変換則

S系において，速度 u で運動している質点を考えよう．速度の成分は

$$u_x = \frac{dx}{dt}, \quad u_y = \frac{dy}{dt}, \quad u_z = \frac{dz}{dt}$$

であり，S′ 系から見た質点の速度を u' とすると，その成分は

$$u'_x = \frac{dx'}{dt'}, \quad u'_y = \frac{dy'}{dt'}, \quad u'_z = \frac{dz'}{dt'}$$

である．

ここで，(1.21) を微分すると

$$dx' = \gamma(dx - \beta c\, dt), \quad dy' = dy, \quad dz' = dz$$
$$dt' = \gamma\left(dt - \frac{\beta}{c}\, dx\right)$$

となるから

$$\left.\begin{aligned}u'_x &= \frac{u_x - v}{1 - vu_x/c^2} \\ u'_y &= \frac{u_y}{\gamma(1 - vu_x/c^2)} \\ u'_z &= \frac{u_z}{\gamma(1 - vu_x/c^2)}\end{aligned}\right\} \tag{1.26}$$

を得る．これが**速度の変換則**である．$v \ll c$ のとき，(1.26) はガリレイ変換に対する (1.3) に帰着する．(1.26) の逆変換は v を $-v$ でおきかえれば得られる．

特に，質点がS系において x 方向に速さ u で運動している場合，(1.26) は $u_x = u$，$u_y = u_z = 0$ であるから

$$u' = \frac{u-v}{1-uv/c^2} \quad (1.27)$$

と書ける．$u=c$ であるならば $u'=c$ となる．これは光速度一定の原理を確かめたことになる．さらに

$$1 - \frac{u'}{c} = \frac{1}{1-uv/c^2}\left(1-\frac{u}{c}\right)\left(1+\frac{v}{c}\right)$$

と書けるので，$u<c$ である限り，常に $u'<c$ となることを強調しておこう．

問 1.3 質点が S 系の $-x$ 方向に速度 $2c/3$ で運動している．S 系の x 方向に速さ $3c/5$ で運動している座標系から見たとき，この質点の速さを求めよ．

例：媒質中の光

真空中の光の速さはどんな系から見ても一定であるが，物質中ではどうなるであろうか．屈折率 n の物質中での光速は $u=c/n$ である．(1.27) で $v \ll c$ とすると

$$u' \simeq \frac{c}{n} - v\left(1-\frac{1}{n^2}\right)$$

となるので，光速は座標系で異なることになる．物質の誘電率を ε とすると $n=\sqrt{\varepsilon}$ となり，屈折率は誘電率により決まる．可視光線が水を通過するときは $u'<c$ であるが，X 線が金属を通るときには自由電子系の分極効果により $n<1$ となり，この X 線の速さは真空中における光速より大きくなる．

例：位相速度と群速度

x 方向に速さ v で伝搬する波の変位は，$f(x-vt)$ と書ける．波数を κ, 角振動数を ω とすると，平面波の位相は $(\kappa x - \omega t)$ と表されるので位相速度は $v_{\mathrm{ph}} = \omega/\kappa$ となり，屈折率が 1 より小さいとき v_{ph} は光速度を超える．しかし，平面波は空間に一様かつ無限に広がっているので，情報として波を伝えること

はできない．

　一方，波の集合である波束は局所的に存在しており，情報を信号として伝えられる．波束は種々の平面波の重ね合わせであるので，一般に

$$f(x, t) = \int_{-\infty}^{+\infty} g(\kappa) \, e^{i(\omega t - \kappa x)} \, d\kappa \tag{1.28}$$

と表せる．波束の重心の速度を群速度 v_g という．振幅が最大となる波の波数を κ_m とすると，波同士が同位相で強め合っている位置が重心であるから，重心の微小移動 $\mathit{\Delta} x$ に対して $\kappa_\mathrm{m} \mathit{\Delta} x - \omega_\mathrm{m} \mathit{\Delta} t = \kappa \mathit{\Delta} x - \omega \mathit{\Delta} t$ が近似的に成り立つ．よって，$\mathit{\Delta} x / \mathit{\Delta} t = v_g$ から

$$v_g = \frac{\omega_\mathrm{m} - \omega}{\kappa_\mathrm{m} - \kappa}$$

を得る．つまり，波数が近似的に $\kappa = \kappa_\mathrm{m}$ にほとんど集中しているなら

$$v_g = \left. \frac{d\omega}{d\kappa} \right|_{\kappa = \kappa_\mathrm{m}}$$

となることがわかる．

　例えば，質量 m の粒子のドゥ・ブロイ波を考えると，h をプランク定数として，分散関係は

$$\omega^2 = c^2 \kappa^2 + \frac{4\pi^2 c^2 m^2}{h^2}$$

であるから $v_\mathrm{ph} v_g = c^2$ となり，$v_\mathrm{ph} > c$ なら $v_g < c$ である．v_g は一般に光速度より小さいが，異常分散のように波束が時間的に崩れるような現象では，(1.28) の高次の項を考慮しないと群速度の概念が曖昧となり，$v_g > c$ となりうる．

（2）ローレンツ収縮

　図 1.5 に示すように，S′ 系の x' 軸に固定された定規を考えよう．S′ 系から見た長さ

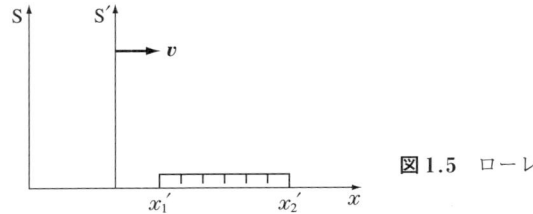

図 1.5 ローレンツ収縮

$$l_0 = x'_2 - x'_1 \tag{1.29}$$

を**固有の長さ**という．今後，物体に対して静止している座標系における物理量に"固有"という語をつけることにする．

S 系では定規は運動しているため，長さを測るには定規の両端の位置を同時刻 $t_1 = t_2$ に決める必要がある．(1.21) より $x' = \gamma(x - \beta ct)$ であるから

$$x_1 = \sqrt{1 - \beta^2}\, x'_1 + \beta c t_1$$
$$x_2 = \sqrt{1 - \beta^2}\, x'_2 + \beta c t_2$$

と書ける．したがって，S 系から見た定規の長さは

$$l = x_2 - x_1 = \sqrt{1 - \beta^2}\,(x'_2 - x'_1)$$

つまり

$$l = l_0 \sqrt{1 - \beta^2} \tag{1.30}$$

である．速さ v で運動する物体を静止系から見ると，長さが $\sqrt{1 - v^2/c^2}$ だけ短くなる．これは 1.2 節で述べたように，ローレンツが提唱したことに相当するので，**ローレンツ収縮**といわれる．S 系の x 軸に固定された定規を S′ 系から見ると，やはり，同じ割合だけ収縮することも容易に確かめることができる．

物体は運動方向の長さのみがローレンツ収縮を受け，運動に垂直な方向の長さは変化しないことに注意しよう．したがって，S′ 系での固有の体積を V_0 とすると，S 系から見た体積は

$$V = V_0 \sqrt{1 - \beta^2} \tag{1.31}$$

と表される．

（3）時計の遅れ

図1.6のように，S′系の点 x'_1 に固定された時計を考えよう．S′系で測定した時間を

$$\Delta\tau = t'_2 - t'_1 \tag{1.32}$$

とする．これを**固有時間**という．

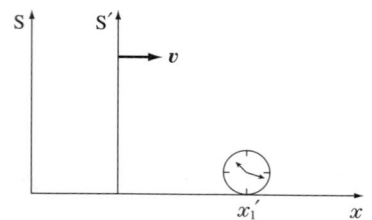

図1.6 時計の遅れ

S系から見ると，(1.22) より

$$ct_1 = \gamma(ct'_1 + \beta x'_1)$$
$$ct_2 = \gamma(ct'_2 + \beta x'_2)$$

と書ける．S′系で時計の位置は変わらないから，$x'_1 = x'_2$ である．したがって，S系から見た時間は

$$\Delta t = t_2 - t_1 = \gamma(t'_2 - t'_1)$$

である．つまり

$$\Delta t = \gamma \Delta\tau \tag{1.33}$$

となる．あるいは

$$\Delta\tau = \Delta t\sqrt{1 - \beta^2} \tag{1.34}$$

と書ける．静止系の時計が Δt 進む間に，運動している時計は Δt より短い $\Delta\tau$ しか進まない．すなわち，静止系の時計と比べると，運動している時計は遅れることになる．S系に固定された時計をS′系から見ると，やはり同じ割合だけ遅れることに注意しよう．

問 1.4 飛行機が毎時 500 km の一定の速さで 1 時間飛行したとき，機内の時計は地上の時計と比べてどれほど遅れるか．

> **例：ミュー粒子の寿命**
>
> 　地上で検出される宇宙線ミュー粒子を考えよう．例えば μ^- 粒子は，地球大気の上層で宇宙線によって作られ，電子とニュートリノおよび反ニュートリノに崩壊する（$\mu^- \to e^- + \bar{\nu}_e + \nu_\mu$）．その平均寿命は 2.2×10^{-6} s である．相対論を用いなければ，μ^- 粒子が仮に c の速さで走ったとしても，崩壊するまでには 660 m しか走れないことになり，地上で μ^- 粒子を検出することはほとんど不可能である．ところが，相対論の結果 (1.33) に従えば，静止系で測った寿命は長くなる．例えば，$v = 0.9999\,c$ のとき $\gamma \simeq 71$ となるから，μ^- 粒子の走る距離は約 50 km となり，地上で十分に検出できる．

問 1.5 　速さ $0.9999\,c$ で運動している μ^- 粒子に固定した座標系から見ると，地上における運動方向の距離 50 km はどれだけになるか．

（4）ドップラー効果

　波数ベクトル $\boldsymbol{\kappa}$，角振動数 ω の平面波の位相（$\boldsymbol{\kappa} \cdot \boldsymbol{r} - \omega t$）が，例えば 0 となる位置は波の節であり，その位置は S′ 系から見ても変わらない．したがって，位相は不変量であり，関係式

$$\boldsymbol{\kappa} \cdot \boldsymbol{r} - \omega t = \boldsymbol{\kappa}' \cdot \boldsymbol{r}' - \omega' t' \tag{1.35}$$

が成り立つ．左辺に (1.22) を代入し，両辺の x', y', z', t' の係数を見比べると

$$\left. \begin{array}{l} \kappa_x' = \gamma\left(\kappa_x - \dfrac{\beta}{c}\omega\right), \quad \kappa_y' = \kappa_y, \quad \kappa_z' = \kappa_z \\ \omega' = \gamma(\omega - \beta c \kappa_x) \end{array} \right\} \tag{1.36}$$

を得る．

　真空中を伝わる光に対しては $\omega = c\kappa$ であるから，x 軸と角 θ をなす方向に進む光を考え，振動数 $\nu = \omega/(2\pi)$ で表すと，(1.36) は

$$\nu' = \gamma\nu(1 - \beta\cos\theta) \tag{1.37}$$

となる．これは**ドップラー効果**を表す．

光源が観測者の視線方向に遠ざかる運動をしている場合には，$\cos\theta = -1$ であるから

$$\nu' = \nu\sqrt{\frac{1+\beta}{1-\beta}} \tag{1.38}$$

と書ける．静止している観測者に対して光源が速さ v で遠ざかる場合と，静止している光源に対して観測者が速さ v で遠ざかる場合とは全く同等であることがわかる．

問 1.6 音のドップラー効果を相対論を用いないで考える．振動数 ν の音を発する音源が静止している観測者から速さ v で遠ざかる場合，観測者の聴く音の振動数はいくらか．逆に，音源が静止していて，観測者が速さ u で音源から遠ざかる場合，観測者の聴く音の振動数はいくらか．ただし，音速を v_s とし，v と u は v_s より遅いとする．

問 1.6 が示すように，空気という媒質に対して音源や観測者の速度を識別することができるので，ドップラー効果の式にはそれらの速度が別々に現れる．しかし，光の速さは光源の運動に関係なく一定であるので，(1.38) のように観測者との相対速度だけが現れるのである．

いま，S 系を観測者の静止系，S′ 系を光源の静止系とし，発せられた光の**固有振動数**を $\nu' = \nu_0$，観測される振動数を ν とする．(1.38) は

$$\nu = \nu_0\sqrt{\frac{1-\beta}{1+\beta}}$$

と表せて，$\beta \ll 1$ のとき

$$\nu \simeq (1-\beta)\nu_0 \tag{1.39}$$

と近似できる．一般に，光の線スペクトルは波長 λ で測定される．発せられた光の固有の波長を λ_0 とすると，測定される波長は (1.39) より

$$\lambda \simeq (1+\beta)\lambda_0 \tag{1.40}$$

と書ける．

さらに，(1.37) で $\cos\theta = 0$ とすると

$$\nu = \nu_0 \sqrt{1-\beta^2} \tag{1.41}$$

が得られる．これを**横ドップラー効果**という．これは，光源の時計と観測者の時計とで進み方に違いがあることによって生じる．つまり，振動数は単位時間当りの波の個数であり，光源で $\nu_0 = 1/\varDelta\tau$ と書けるとき，観測者では $\nu = 1/\varDelta t$ となる．これに (1.34) を用いれば (1.41) が得られる．

例：SS433 のジェット

わし座にある SS433 という天体は約 2 万年前に爆発した超新星の残骸マナティー星雲 (W50) の中にあり，ブラックホールと通常の星からなる連星である．公転周期は 13.1 日であるので，連星は非常に接近しており，星からはぎ取られたガスはブラックホールの周りに降着円盤を形成し，円盤面にほぼ垂直な双方向に，その円盤面の中心からプラズマジェットを噴出している．このジェットは円盤の回転軸に対して 17°傾いており，その軸の周りに 164 日の周期で，こまの首振り運動のような歳差運動をしている．片方のジェットが地球に近づく運動をしているとスペクトル線は青方にドップラー偏移し，もう一方のジェットは遠ざかる運動のためスペクトル線は赤方に偏移する．この青方と赤方の偏移が 164 日の周期で入れかわる．さらに，横ドップラー効果も観測され，(1.41) より求めたジェットの噴出速度は 78000 km/s にも達している．

1.5　4 次元時空

(1) ミンコフスキー空間

3 次元ユークリッド空間に時間軸を加えたものを**ミンコフスキー空間**，あるいは **4 次元時空**という．図 1.7 に示すように y, z 軸を省略して，x, ct の

平面を考える．時刻 t と位置 x を指定すると，これは平面内の 1 点 P に対応する．それを**事象**または世界点という．

図 1.7 で S′ 系の座標軸を考えてみよう．x' 軸は $ct' = 0$ であるから，(1.21) より，それは

$$ct = \beta x \tag{1.42}$$

という直線となる．直線の傾きを θ とすると，$\tan\theta = \beta$ である．同様に ct' 軸は $x' = 0$ で表され

$$x = \beta ct \tag{1.43}$$

となる．ct 軸からの傾きも θ に等しい．

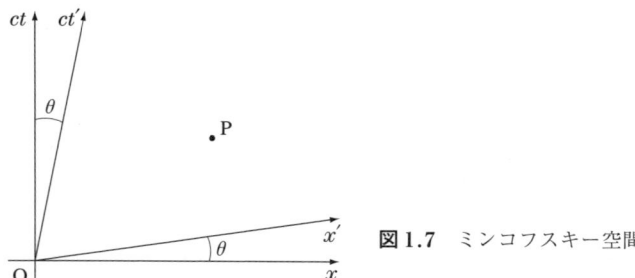

図 1.7　ミンコフスキー空間

原点から発せられた光の波面は

$$x = ct$$

という直線上にある．y あるいは z 軸を加えると，円錐を形作るので，これを**光円錐**という（図 1.8 参照）．

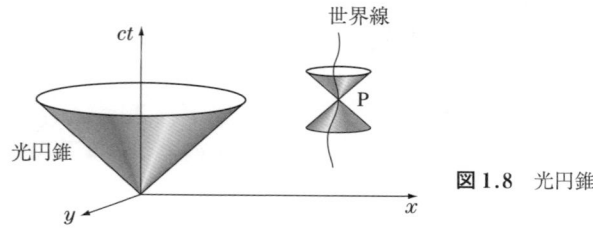

図 1.8　光円錐

質点の任意の運動は点 P の軌跡で表される．これを**世界線**という．質点の速度は $u < c$ であるから，世界線は常に点 P における光円錐の内側に存在する．

図 1.9 に示すように，世界線 A, B 上の 2 つの事象を P, Q としよう．S 系から見たとき，これらが同時刻とする．すなわち $t_P = t_Q$ である．S′ 系における同時刻の事象は x' 軸に平行な直線で与えられるから，P と同時刻の事象は Q′，Q と同時刻の事象は P′ となる．したがって，S′ 系では P よりも Q のほうが先に起きる．このように異なる場所で起こった 2 つの事象に関して，同時刻という概念は観測者の運動に依存した相対的な概念となる．

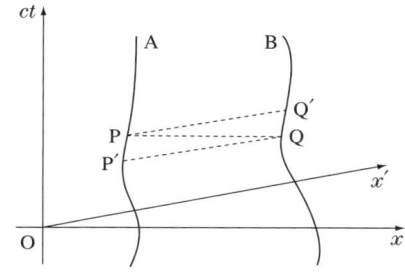

図 1.9 事象の同時性

問 1.7 S 系における 2 つの事象 $(ct_1 = l, x_1 = l)$ と $(ct_2 = l/2, x_2 = 2l)$ を S′ 系から見ると同時であった．S′ 系の速度を求めよ．

ところで，もし光速 c よりも大きな速度があるとしたら，どうなるであろうか．図 1.9 を用いて考えてみよう．ほとんど瞬時に情報を送ることができるならば，A での事象 P はただちに B での事象 Q に到達し，折り返し，A での事象 P′ に戻ってきて，事象 P より早い時刻になる．つまり，結果が原因に先んじることになり，因果関係が成り立たなくなってしまう．いかなる座標系で見ても，結果は原因の後でなければならないから，情報を c よりも速く伝えることはできない．c は速度の上限になっており，ローレンツ変換 (1.19) で $v < c$ となることを保証している．

（2）ローレンツ収縮

ミンコフスキー空間においてローレンツ収縮を考えてみよう．図 1.10 からわかるように，ミンコフスキー空間の S′ 系は斜交座標系である．したがって，長さのスケールには注意を要する．いま，x' 軸上の点 A′ を考える．S′ 系での座標を
$$x' = 1, \qquad ct' = 0$$
とする．S 系で見ると (1.22) より，点 A′ の座標は
$$x = \gamma, \qquad ct = \gamma\beta$$
となる．$\overline{\text{OA}'}$ の長さは本来 1 であるが，図の上では $\gamma(1+\beta^2)^{1/2}$ となっているので，S′ 系での長さには，この因子を掛けなければならない．同様に ct' 軸に沿った時間にも同じ因子を掛ける必要がある．

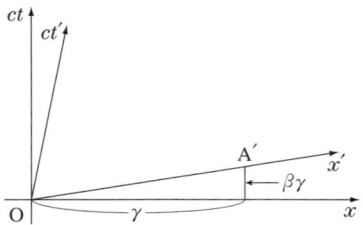

図 1.10　斜交座標系での長さ

図 1.11 に示すように，S′ 系の x' 軸に固定された定規の両端の世界線を A′, B′ とする．S′ 系から見た定規の固有の長さを l_0 とすると，図の上での長さは $\gamma(1+\beta^2)^{1/2}$ を掛けて

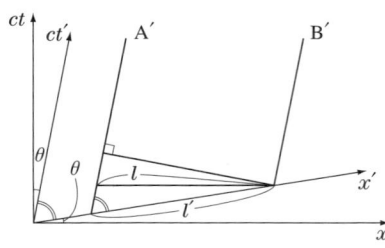

図 1.11　定規の世界線

$$l' = l_0 \gamma \sqrt{1 + \beta^2}$$

と書ける．S 系で測定した長さを l とすると

$$l \cos \theta = l' \cos 2\theta \tag{1.44}$$

という関係が成り立つ．$\tan \theta = \beta$ であるから

$$\cos \theta = \frac{1}{\sqrt{1 + \beta^2}}, \quad \cos 2\theta = \frac{1 - \beta^2}{1 + \beta^2}$$

となる．したがって，(1.44) から

$$l = l_0 \sqrt{1 - \beta^2} \tag{1.45}$$

を得る．これはローレンツ収縮 (1.30) に一致する．

逆に，S 系の x 軸に固定した定規を考える．S 系での固有の長さを l_0 とすると，図 1.12 からわかるように

$$l_0 = l' \cos \theta$$

と書ける．S′ 系で同時刻に測定した長さを l とすると，図の上での長さは

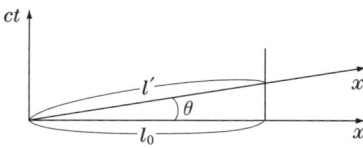

図1.12 ローレンツ収縮

$$l' = l \gamma \sqrt{1 + \beta^2}$$

である．l' を消去すると，前と同じ結果

$$l = l_0 \sqrt{1 - \beta^2}$$

が得られる．

（3）時計の遅れ

図 1.13 に示すように，S′ 系に固定された時計の世界線を A′ とする．S′ 系で測定した固有時間を $\Delta \tau$ とすると，「(2) ローレンツ収縮」で繰り返し用いたように，図の上での時間 $\Delta t'$ は

$$\Delta t' = \Delta \tau \, \gamma \sqrt{1 + \beta^2}$$

と書ける．S 系で測定した時間を Δt とすると

24   1. 特殊相対論の基礎

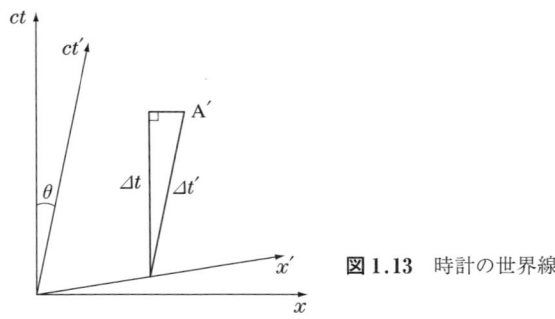

図 1.13 時計の世界線

$$\Delta t = \Delta t' \cos \theta$$
$$= \gamma \Delta \tau \qquad (1.46)$$

を得る．これは (1.33) に一致する．

逆に，S 系に固定された時計を考える（図 1.14 参照）．S 系で測定した固有時間を $\Delta \tau$，S' 系で測定した時間を Δt とすると，図の上での時間は

$$\Delta t' = \Delta t \, \gamma \sqrt{1 + \beta^2}$$

である．図 1.14 からわかるように，

$$\Delta \tau \cos \theta = \Delta t' \cos 2\theta$$

と書けるから，$\Delta t'$ を消去すると，やはり

$$\Delta t = \gamma \Delta \tau \qquad (1.47)$$

が得られる．

ここで，運動する時計が遅れるということは時計の構造が運動によって変化するためではなく，S 系と S' 系で同時刻の事象が異なるためであることを強調しておこう．

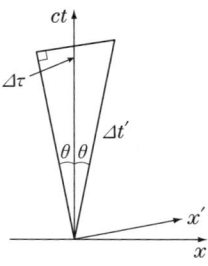

図 1.14 時計の遅れ

 x 軸上の点 x_1 で放射された光が点 $x_2 = x_1 + l$ で吸収された．x 軸に沿って速さ v で運動している系において，以下の量を求めよ．
 （1） 光の放射と吸収が起きる 2 点間の距離．
 （2） 光が放射されてから吸収されるまでの時間．

1.6 双子のパラドックス

相対性理論が引き起こした論争の中で最も有名なものの1つに双子のパラドックスがある．その内容は次の通りである．

ここにAとBの双子がいて，Aは地球上で静止しており，Bは光速に近い速度で宇宙旅行をして地球に戻ってくる．Aから見れば，運動しているBの時計は遅れるから，AよりもBのほうが若いことになる．しかしBから見れば，Bが静止していてAが運動していることになるから，BよりもAのほうが若いことになる．これは矛盾した結果である．

さて，考察を簡潔にするために，Aがいる地球は慣性系であると見なし，Bは一定の速さvで距離lを進み，そこで反転して同じ速さvで帰ってくるとしよう．lを十分に大きくとれば，加速あるいは減速している期間は無視できる．Aの立場では往復に要した時間は，Aの時計で

$$t_A = \frac{2l}{v}$$

であり，(1.33) よりBの時計で

$$t'_B = \frac{1}{\gamma} t_A = \frac{1}{\gamma} \frac{2l}{v}$$

と書ける．したがって，$t_A > t'_B$ といえる．

一方，Bの立場では距離lがローレンツ収縮をするから，往復時間は，Bの時計で

$$t'_B = \frac{2l}{\gamma} \frac{1}{v}$$

と表される．これに相当するAで測定した時間は

$$\tau_A = \frac{1}{\gamma} t'_B = \frac{1}{\gamma^2} \frac{2l}{v}$$

であるから，$\tau_A < t'_B$ となる．この一見して矛盾した結果がパラドックスで

26　1. 特殊相対論の基礎

ある．

　この問題をミンコフスキー空間で考えよう．図 1.15 に示すように，A の世界線は OPQ であり，B の世界線は ORQ である．$\overline{\mathrm{PR}} = l$ であるから

$$t_{\mathrm{A}}(\overline{\mathrm{OP}}) = \frac{l}{v}$$

$$t'_{\mathrm{B}}(\overline{\mathrm{OR}}) = \frac{1}{\gamma}\frac{l}{v}$$

となる．

　運動している B の立場から考えると，往路で速度 v の場合，R と同時刻の事象は I であり，復路で速度 $-v$ の場合には，R と J が同時刻の事象であることに注意する．B から見た距離は

$$x' = \overline{\mathrm{IR}} = \frac{l}{\gamma}$$

であるから

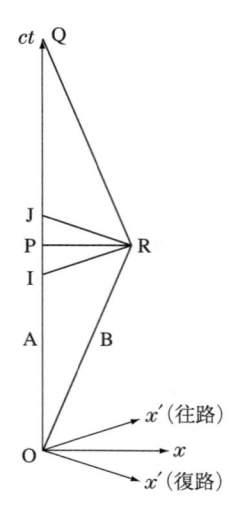

図 1.15 双子の世界線

$$t'_B(\overline{OR}) = \frac{l}{\gamma}\frac{1}{v}$$

$$\tau_A(\overline{OI}) = \frac{1}{\gamma}t'_B(\overline{OR}) = \frac{1}{\gamma^2}\frac{l}{v} = \frac{l}{v}(1-\beta^2)$$

となる.

区間 $\overline{IP}$ の時間を求めるために (1.22) を用いる. すなわち

$$ct = \gamma(\beta x' + ct')$$

に $x' = l/\gamma$, $t' = 0$ を代入すると, A で測定した時間

$$\tau_A(\overline{IP}) = \frac{\beta l}{c} = \frac{l}{v}\beta^2$$

が得られる. したがって

$$\tau_A(\overline{OI}) + \tau_A(\overline{IP}) = \frac{l}{v} = t_A(\overline{OP})$$

となり, 矛盾は解消する. すなわち, A, B どちらから見ても, 地球上に静止している A より宇宙旅行をしてきた B のほうが常に若いことになる. 年齢, つまり, 固有時間は自分の世界線に沿った径路の長さに相当し, B の立場から見るとき, 区間 $\overline{IJ}$ の時間を考慮に入れなかったことがパラドックスを生じた原因である.

ここまでは加速あるいは減速している区間が十分小さいとして, そこでの経過時間を無視してきた. たとえ, その区間が大きいとしても, $\tau_A(\overline{IP})$ の間, R 付近で B は減速運動をしており, B の固有時がほとんど経過しないということ, したがって, 上述の結論には影響を及ぼさないということを 2.8 節で論じよう.

問 1.9 A と B の双子の宇宙飛行士がいる. A は地球上に留まり, B は 4.3 光年離れたケンタウルス座 α 星まで $0.8c$ の速さで飛行し, 到着後ただちに同じ速さで戻る. A, B はそれぞれ自分の時計で 0.1 年ごとに信号を発した.

(1) Bが往路で発した信号をAは何回受信するか．
(2) Bは往路でAの発した信号を何回受信するか．
(3) Bが帰着するまでに，AとBはそれぞれ何回信号を受信するか．
(4) Bが帰着したとき，どちらがどれだけ若いか．

第1章のまとめ

- ガリレイ変換に対して，ニュートンの運動方程式は不変に保たれるが，マクスウェル方程式は不変でないという事実を指摘した．[1.1節]
- すべての慣性系において，物理法則が同じ形で表されるとする相対性原理，および光源の運動によらず光の速さは一定であるとする光速度一定の原理に基づいて，ガリレイ変換に代わるローレンツ変換を導いた．[1.3節]
- 物体がある速度で運動している場合，特に光速度に近くなると，物体の長さが短くなり（ローレンツ収縮），時間の進み方が遅くなることを示した．[1.4節]
- 3次元ユークリッド空間に時間軸を加えた4次元時空，すなわちミンコフスキー空間を導入した．[1.5節]
- ミンコフスキー空間を用いて，同時刻の出来事が座標系によって異なることを示すと共に，ローレンツ収縮と時計の遅れを再確認した．[1.5節]
- 双子のパラドックスに解答を与えた．[1.6節]

······ アインシュタイン小伝 (1) ······

アルベルト・アインシュタインは1879年3月14日ドイツのヴュルテンベルク王国（現在のバーデン・ヴュルテンベルク州）ウルムに生まれた．両親はドイツ系ユダヤ人であったが，ユダヤ教の厳格な戒律に従ってはいなかった．父親の商売がう

まくいかないため，1880年に一家はミュンヘンに移住した．1881年11月18日に妹マヤが誕生した．5歳の頃，病床に伏しているときに慰みとして父親からコンパス（羅針盤）をもらい，その針が人の力を受けなくても北の方向を指すということに非常に感動したと後に述懐している．6歳の頃からヴァイオリンを習い始める．

1889年（10歳）にミュンヘンのルイボルト・ギムナジウムに入学したが，規律ばかり厳しく暗記ものの教育について行けず，12歳のときに手に入れたユークリッド幾何学の本から強い印象を受け，独力でピタゴラスの定理を証明した．1895年に一家はミラノに移住，1人ミュンヘンに残るものの，権威主義的教育に嫌気がさしてギムナジウムを退学し，ミラノへ移った．このころまでに微積分を理解していた．

ギムナジウムの卒業証書を持たないため，1895年（16歳）にチューリッヒにあるスイス連邦工科大学（Eidgenössische Technische Hochschule，以後ETHと略す）の入学試験を受けたが，不合格となった．数学と物理学の成績は優秀であったが，現代語，動物学，植物学が合格点に満たなかった．そこで，ETHの学長じきじきの勧めにより，10月にスイスのアーラウの州立学校の上級クラスへ入学した．この学校では自由を重んじ，ものごとを懐疑的に見る風潮があったので，事柄を基本的に考える習性を身につけることができた．州立学校の教師であり言語学者のヨスト・ヴィンテラーの家に下宿して，息子同様の待遇を受け，家族の間での自由な意見交換や優れた本の朗読で時を過ごした．なお，妹マヤはヴィンテラー家の息子パウルと1910年3月に結婚した．アインシュタインが70歳の時に著した『自伝的ノート』によれば，この頃から「もし光の速さで光を追いかけたとしたら，その光はどのように見えるか」ということに思いを巡らし始めたということである．

アインシュタインはドグマにとらわれることを嫌い，宗教よりも自然科学に集中するため，ユダヤの宗教的共同体から脱退した．さらに，17歳以前にドイツを離れれば兵役に服さなくても済むので，1896年1月にドイツの国籍を放棄した．以後，5年もの間は無国籍のままパスポートなしで旅行した．"ビールは人間をおろかな怠け者にする"と言って，学友とビールを飲む集まりには参加せず，カントの『純粋理性批判』を愛読したり，ヴァイオリンを弾きバッハやモーツァルトの曲を好んで演奏した．1896年秋に州立学校を卒業した．

第 2 章

相対論的力学

第 2 章の学習目標
ニュートン力学の体系を特殊相対論の枠組で書きかえる．

　考えている質点の速度が光速に近くなると，もはやニュートン力学は成り立たなくなる．そこで，ニュートン力学との対応を保ちながら，運動量やエネルギーをローレンツ変換に対して不変な形に書き直してみよう．その結果，質量は定数でなく，速さに依存した量となり，エネルギーと質量の同等性を示す $E = mc^2$ という有名な関係式が得られる．さらに，一般相対論への拡張を念頭において 4 元ベクトルとテンソルを導入しよう．

2.1　ローレンツ変換の一般形

　前章で求めたローレンツ変換 (1.21) は，S′ 系が S 系の x 軸方向に運動している場合であった．ここでは図 1.1 に示したように，S′ 系が S 系の任意の方向に一定の速度 v で並進運動をしている場合を考えよう．ガリレイ変換 (1.2) を参考にして

$$\boldsymbol{r}' = \boldsymbol{r} - \boldsymbol{v}\Psi \tag{2.1}$$

とおき，関数 Ψ を求めることにする．

　ローレンツ変換 (1.21) は $\boldsymbol{v}$ が x 軸に平行な場合であったから，座標 x は

v 方向の r の大きさ，すなわち v 方向の単位ベクトル v/v と r の積と考えることができる．したがって

$$x \to \frac{v \cdot r}{v}, \quad x' \to \frac{v \cdot r'}{v}$$

というおきかえをすればよいことになる．つまり，(1.21) は

$$\frac{v \cdot r'}{v} = \gamma\left(\frac{v \cdot r}{v} - vt\right) \tag{2.2}$$

と書ける．ここで (2.1) に v を掛けて，(2.2) に代入すると

$$\Psi = -\frac{\gamma-1}{v^2} v \cdot r + \gamma t$$

が得られる．したがって，ローレンツ変換の一般形は

$$\left.\begin{array}{l} r' = r + v\left(\dfrac{\gamma-1}{v^2} v \cdot r - \gamma t\right) \\[6pt] ct' = \gamma\left(ct - \dfrac{v \cdot r}{c}\right) \end{array}\right\} \tag{2.3}$$

と表される．$v \ll c$ のとき $\gamma \simeq 1$ となり，(2.3) はガリレイ変換 (1.2) に帰着する．逆変換は v を $-v$ でおきかえれば得られる．

(1.26) を求めたときと同様に (2.3) を微分することにより，速度の変換則

$$u' = \frac{u + v[(\gamma-1)v \cdot u/v^2 - \gamma]}{\gamma(1 - v \cdot u/c^2)} \tag{2.4}$$

が得られる．

2.2 質量と運動量

S 系において速度 u で運動している質点を考えよう．ニュートン力学との対応により，この質点の**運動量**を

$$p = mu \tag{2.5}$$

32　2. 相対論的力学

と定義する．ここで，比例係数 m を質量という．ただし，m は定数とは限らないので，速さ u の関数

$$m = f(u) \tag{2.6}$$

とする．関数 f が速度 $\boldsymbol{u}$ ではなく，その大きさ u にのみ依存することは，座標反転 $\boldsymbol{r} \to -\boldsymbol{r}$ に対して $\boldsymbol{u} \to -\boldsymbol{u}, \boldsymbol{p} \to -\boldsymbol{p}$ となることからわかる．

S 系に対して一定の速度 $\boldsymbol{v}$ で運動している S′ 系における質点の速度を $\boldsymbol{u}'$ とすると，S′ 系での運動量と質量は

$$\boldsymbol{p}' = m'\boldsymbol{u}', \qquad m' = f(u')$$

と表される．ここで，m' が (2.6) と同じ関数形で書けるのは 1.3 節で述べた相対性原理によるものである．

さて，2 つの同等な粒子の衝突における運動量保存の法則を用いて関数 f を決定しよう．図 2.1 (a) に示すように，S 系を重心系とする．そこでの粒子 1 の衝突前の速度を $\boldsymbol{u}$，衝突後の速度を $\bar{\boldsymbol{u}}$ とすると，粒子 2 の速度は $-\boldsymbol{u}$, $-\bar{\boldsymbol{u}}$ となる．これを S 系に対して速度 $\boldsymbol{v}$ で運動している S′ 系で見ると，衝突前の粒子 1 の速度 $\boldsymbol{u}'_1$ は (2.4) で与えられる．

ここで，図 2.1 (b) のように $\boldsymbol{u}'_1$ が $\boldsymbol{v}$ に直交する場合を考える．すなわち $\boldsymbol{v} \cdot \boldsymbol{u}'_1 = 0$ とおくと，(2.4) より

$$\boldsymbol{v} \cdot \boldsymbol{u} + (\gamma - 1)\boldsymbol{v} \cdot \boldsymbol{u} - \gamma v^2 = 0$$

つまり

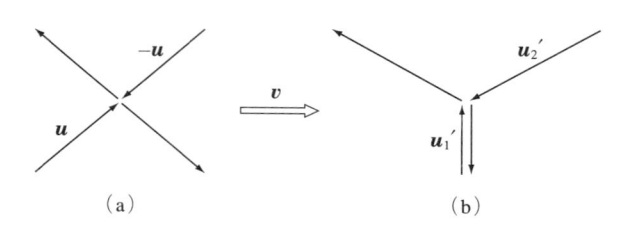

図 2.1　2 粒子の衝突 (a) 重心系，(b) $\boldsymbol{v}$ と $\boldsymbol{u}'$ が直交する系．

2.2 質量と運動量

$$\boldsymbol{v} \cdot \boldsymbol{u} = v^2$$

となる．これを再び (2.4) に代入すると

$$\boldsymbol{u}_1' = \gamma(\boldsymbol{u} - \boldsymbol{v}) \tag{2.7}$$

が得られ，その大きさは

$$u_1' = \gamma\sqrt{u^2 - v^2} \tag{2.8}$$

である．さらに，粒子 2 については $\boldsymbol{u}_2 = -\boldsymbol{u}$ であるから

$$\boldsymbol{u}_2' = \frac{-\boldsymbol{u} - \boldsymbol{v}(2\gamma - 1)}{\gamma(1 + \beta^2)} \tag{2.9}$$

$$u_2' = \frac{1}{\gamma(1 + \beta^2)}\sqrt{u^2 - v^2 + 4\gamma^2 v^2} \tag{2.10}$$

となる．ここで (2.9) を

$$\boldsymbol{u}_2' = \boldsymbol{u}_{/\!/}' + \boldsymbol{u}_\perp' \tag{2.11}$$

$$\boldsymbol{u}_{/\!/}' = -\frac{2}{(1 + \beta^2)}\boldsymbol{v}$$

$$\boldsymbol{u}_\perp' = -\frac{1}{\gamma(1 + \beta^2)}(\boldsymbol{u} - \boldsymbol{v})$$

のように分ける．ただし，$\boldsymbol{u}_{/\!/}'$ は $\boldsymbol{v}$ に平行な成分であり，$\boldsymbol{u}_\perp'$ は $\boldsymbol{u}_1'$ に平行，すなわち $\boldsymbol{v}$ に垂直な成分である．

運動量保存の法則より，S′ 系で $\boldsymbol{v}$ に垂直方向の運動量の和は 0 となるので

$$m_1' \boldsymbol{u}_1' + m_2' \boldsymbol{u}_\perp' = \boldsymbol{0}$$

が成り立つ．各粒子の質量は $m_1' = f(u_1')$，$m_2' = f(u_2')$ であるから，(2.7)，(2.11) より

$$f(u_1')\,\gamma(\boldsymbol{u} - \boldsymbol{v}) = f(u_2')\frac{1}{\gamma(1 + \beta^2)}(\boldsymbol{u} - \boldsymbol{v})$$

が得られる．すなわち

$$f(u_2') = \gamma^2(1 + \beta^2)\,f(u_1') \tag{2.12}$$

が成り立つ．ここで，$u \to v$ とすると (2.8) と (2.10) は

34   2. 相対論的力学

$$u'_1 \to 0, \quad u'_2 \to \frac{2v}{1+\beta^2}$$

となり

$$1 - \frac{u'^2_2}{c^2} \to \frac{1}{\gamma^4(1+\beta^2)^2}$$

となるから (2.12) は

$$f(u'_2) = \frac{1}{\sqrt{1-u'^2_2/c^2}} f(0) \tag{2.13}$$

と表される．

したがって (2.6) より，速さ u で運動している質点の質量は

$$m = \frac{m_0}{\sqrt{1-u^2/c^2}} \tag{2.14}$$

と書ける．ただし，$f(0) = m_0$ とおいた．定数 m_0 は質点の**静止質量**といわれる．もちろん，ニュートン力学では $m = m_0$ である．$m_0 = 0$ の粒子だけが $u = c$ で運動できることに注意しよう．

(2.5) と (2.14) から質点の運動量は

$$\boldsymbol{p} = \frac{m_0 \boldsymbol{u}}{\sqrt{1-u^2/c^2}} \tag{2.15}$$

と表される．

2.3 運動エネルギー

ニュートン力学との対応から

$$F = \frac{d\boldsymbol{p}}{dt} \tag{2.16}$$

を力の定義と見なそう．ただし，運動量 $\boldsymbol{p}$ は (2.15) である．力 F が与えられている場合には (2.16) を運動方程式と見なすこともできる．

力 F のする**仕事** W もニュートン力学と同様に

$$W = \int \boldsymbol{F} \cdot d\boldsymbol{r} = \int \boldsymbol{F} \cdot \boldsymbol{u}\, dt \tag{2.17}$$

と書くと,仕事率は

$$\frac{dW}{dt} = \boldsymbol{F} \cdot \boldsymbol{u} \tag{2.18}$$

である.この右辺に (2.15) と (2.16) を代入すると

$$\begin{aligned}\frac{dW}{dt} &= \boldsymbol{u} \cdot \frac{d}{dt}\Big(\frac{m_0 \boldsymbol{u}}{\sqrt{1-u^2/c^2}}\Big) \\ &= \frac{m_0}{(1-u^2/c^2)^{1/2}} \boldsymbol{u} \cdot \frac{d\boldsymbol{u}}{dt} + \frac{m_0 u^2}{(1-u^2/c^2)^{3/2}} \frac{\boldsymbol{u}}{c^2} \cdot \frac{d\boldsymbol{u}}{dt} \\ &= \frac{m_0}{(1-u^2/c^2)^{3/2}} \boldsymbol{u} \cdot \frac{d\boldsymbol{u}}{dt} \\ &= \frac{d}{dt}\Big(\frac{m_0 c^2}{\sqrt{1-u^2/c^2}}\Big)\end{aligned}$$

となる.力のした仕事は運動エネルギーの増加に等しいから,質点の運動エネルギーを

$$T = \frac{m_0 c^2}{\sqrt{1-u^2/c^2}} + C \tag{2.19}$$

と表す.ただし C は積分定数であり,$u=0$ のとき $T=0$ を満たすように

$$C = -m_0 c^2$$

と求められる.したがって,**運動エネルギー**の表式

$$T = \frac{m_0 c^2}{\sqrt{1-u^2/c^2}} - m_0 c^2 \tag{2.20}$$

が得られる.

なお,$u \ll c$ のとき (2.20) を展開すると,第 1 近似で

$$T \simeq \frac{1}{2} m_0 u^2 \qquad (2.21)$$

となり，ニュートン力学の表式に帰着する．また

$$E_0 = m_0 c^2 \qquad (2.22)$$

を質点の**静止エネルギー**といい，運動エネルギーと静止エネルギーを加えた

$$E = T + E_0 = \frac{m_0 c^2}{\sqrt{1 - u^2/c^2}} = mc^2 \qquad (2.23)$$

を自由粒子の**全エネルギー**という．(2.23)はエネルギーと質量が同等であることを示している．すなわち，質量 m にはエネルギー mc^2 が対応し，エネルギー E には質量 E/c^2 が対応している．従来，質量保存則とエネルギー保存則は独立したものと考えられていたが，相対論においてそれらが1つにまとめられたのである．

問 2.1 静止質量 m_0，平均寿命 τ の粒子が運動エネルギー T で運動している．静止しているときに比べて，寿命は何倍伸びるか．

例：核分裂反応

原子核反応において質量が ΔM だけ減少すれば，$\Delta E = \Delta M c^2$ のエネルギーが解放される．核分裂反応の発見は原子爆弾から原子力発電へと発展していった．^{235}U と ^{238}U は半減期が 10^9 yr 程度あり，その起源は超新星爆発と考えられている．超新星爆発のメカニズムには2種類あるが，その1つ，太陽質量の8倍以上の大質量星の爆発を重力崩壊型とよんでいる．この場合，Fe を中心とする原子核が大量の中性子照射を受けると，Pb からさらに U 付近までの重元素を合成する．これを r-過程という．中性子捕獲はこれ以上中性子を吸収できない原子核まで進行し，その後ベータ崩壊を起こす．このように中性子捕獲とベータ崩壊を繰り返し，より重い原子核を合成していく．その終着点が U である．

U が中性子1個を捕獲することを考える．捕獲された中性子の結合エネルギーと原子核の分裂エネルギーを比べると，^{235}U の場合は分裂可能なことがわ

かる．その反応は

$$^{235}\text{U} + \text{n} \longrightarrow 2\,^{116}\text{Pd} + 4\,\text{n}$$

である．さらに，^{116}Pd はベータ崩壊して安定な元素である ^{116}Sn になる．原子質量単位 $m_\text{u} = 1.6605 \times 10^{-27}$ kg で測ると，^{235}U は 235.124 m_u，^{116}Sn は 115.941 m_u，中性子は 1.0089 m_u であるから，差し引き 0.215 m_u だけの質量損失となる．ウラン 1 kg が分裂すると 1 g 程度の質量が消滅し，約 10^{14} J のエネルギーが出てくる．

上記の反応では，1 個の中性子が捕獲されて 4 個の中性子が放出されているため，この反応は次々に継続し，単位時間当りの反応の回数が増加する．このような反応を連鎖反応という．

例：核融合反応

太陽の中心部では水素原子核の融合反応が起こっている．その反応は主に

$$^1\text{H} + {}^1\text{H} \longrightarrow {}^2\text{H} + \text{e}^+ + \nu_\text{e}$$
$$^2\text{H} + {}^1\text{H} \longrightarrow {}^3\text{He}$$
$$^3\text{He} + {}^3\text{He} \longrightarrow {}^4\text{He} + 2\,^1\text{H}$$

である．ここで e^+ は陽電子，ν_e は電子ニュートリノである．この一連の核反応は実質的に

$$4\,^1\text{H} \longrightarrow {}^4\text{He} + 2\,\text{e}^+ + 2\,\nu_\text{e}$$

とまとめられる．

水素原子核（陽子）の質量は 1.0078 m_u，ヘリウム原子核は 4.0026 m_u であるから，1 回の反応当り 0.029 m_u の質量が損失する．したがって，1 kg の水素が核融合をすると，約 7 g の質量が消滅し，6×10^{14} J のエネルギーが放出される．太陽の質量は $M_\odot = 1.99 \times 10^{30}$ kg，光度は $L_\odot = 3.85 \times 10^{26}$ J/s である．太陽が核融合で質量の 10% を燃焼するまでの時間は $6 \times 10^{14} \times 0.1\, M_\odot/L_\odot \simeq 10^{10}$ yr であり，これが太陽の寿命のおおよその値となる．

例：チェレンコフ放射

屈折率 n の物質中で一様な運動をする荷電粒子の速さ u が，物質中の光速度 c/n を超えたときに放出される電磁波をチェレンコフ放射という．チェレンコフ光は，重水原子炉内でベータ崩壊により放出された電子が重水中の光より速く走るために，菫(すみれ)色の光として観察できる．図 2.2 のように，チェレンコフ放射は $\sin\theta = c/(nu)$ の円錐上の衝撃波として観測される．この衝撃波は荷電粒子と $90° - \theta$ の方向に進む．

地下 1000 m の神岡鉱山（岐阜県飛騨市）の坑内に 3000 トンの純水と 1000 個の光電子倍増管を持つカミオカンデとよばれた装置があった．超新星 1987 A の爆発により星の中心部分から放出された反電子ニュートリノ $\bar{\nu}_e$ が

$$\bar{\nu}_e + p \longrightarrow e^+ + n$$

のように陽子と反応した際，放出された陽電子からのチェレンコフ光をこの装置がとらえた．ニュートリノのエネルギー 10 MeV のほとんどが陽電子に渡されたとすると，陽電子の静止エネルギーは $m_e c^2 = 0.511$ MeV であるから，$u/c = 0.999$ となる．水の屈折率 $n = 1.33$ を用いると $\theta = 50°$ となり，衝撃波の進む方向は陽電子の進行方向に対して約 40° となることがわかる．

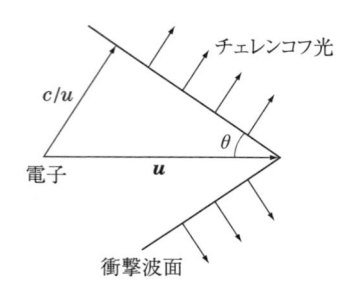

図 2.2 チェレンコフ放射

例：ニュートリノの質量

超新星 1987 A が大マゼラン銀河の中に観測された．この爆発で放出された電子ニュートリノ ν_e の静止質量 m_ν の上限を求めてみよう．超新星から地球までの距離を l，ν_e の速さを u とすると，ν_e は光よりも $\Delta t = l(1/u - 1/c)$ だけ遅れて地球に到着する．ニュートリノのエネルギーが $E \gg m_\nu c^2$ の場合, (2.23)

から

$$\frac{u}{c} \simeq 1 - \frac{1}{2}\left(\frac{m_\nu c^2}{E}\right)^2$$

となるので

$$\Delta t \simeq \frac{l}{2c}\left(\frac{m_\nu c^2}{E}\right)^2$$

が得られる．神岡の測定では $E = 10$ MeV, $\Delta t \leq 10$ s である．大マゼラン銀河までの距離を $l = 16$ 万光年[1]とすると，$m_\nu c^2 \leq 20$ eV となり，m_ν は電子の質量 m_e の 1/25000 以下である．

2.4 運動量とエネルギーに対する変換式

S系において，速度 u で運動している質点の運動量とエネルギーは

$$\left.\begin{array}{l} p_x = mu_x, \quad p_y = mu_y, \quad p_z = mu_z \\ E = mc^2 \end{array}\right\} \quad (2.24)$$

である．ここで，質量 m は (2.14) で与えられる．S′ 系から見た質点の速度を u' とすると，運動量とエネルギーは

$$\left.\begin{array}{l} p'_x = m'u'_x, \quad p'_y = m'u'_y, \quad p'_z = m'u'_z \\ E' = m'c^2 \end{array}\right\} \quad (2.25)$$

と表される．ただし，S′ 系での質量は (2.14) と同様に

$$m' = \frac{m_0}{\sqrt{1 - u'^2/c^2}}$$

と書ける．

ローレンツ変換

---

[1] 1 光年は 9.46×10^{15} m である．

40   2. 相対論的力学

$$\left.\begin{aligned} x' &= \gamma(x - \beta ct), \quad y' = y, \quad z' = z \\ ct' &= \gamma(ct - \beta x) \end{aligned}\right\} \quad (2.26)$$

に対して速度は (1.26) で変換されるから

$$1 - \frac{u'^2}{c^2} = 1 - \frac{1}{c^2(1 - vu_x/c^2)^2}[(u_x - v)^2 + u_y^2(1 - \beta^2) + u_z^2(1 - \beta^2)]$$

$$= \frac{1 - \beta^2}{(1 - vu_x/c^2)^2}\left(1 - \frac{u^2}{c^2}\right) \quad (2.27)$$

となる.

(1.26) と (2.27) を (2.25) に代入すると

$$\begin{aligned} p'_x &= \frac{m_0 u'_x}{\sqrt{1 - u'^2/c^2}} = \frac{m_0(1 - vu_x/c^2)}{\sqrt{1 - u^2/c^2}\sqrt{1 - \beta^2}} \frac{u_x - v}{1 - vu_x/c^2} \\ &= \gamma m(u_x - v) \\ &= \gamma\left(p_x - \frac{vE}{c^2}\right) \end{aligned}$$

$$\begin{aligned} p'_y &= \frac{m_0 u'_y}{\sqrt{1 - u'^2/c^2}} = \frac{m_0(1 - vu_x/c^2)}{\sqrt{1 - u^2/c^2}\sqrt{1 - \beta^2}} \frac{u_y}{\gamma(1 - vu_x/c^2)} \\ &= m u_y \\ &= p_y \end{aligned}$$

$$\begin{aligned} E' &= \frac{m_0 c^2}{\sqrt{1 - u'^2/c^2}} = \frac{m_0 c^2(1 - vu_x/c^2)}{\sqrt{1 - u^2/c^2}\sqrt{1 - \beta^2}} \\ &= \gamma m c^2\left(1 - \frac{vu_x}{c^2}\right) \\ &= \gamma(E - vp_x) \end{aligned}$$

が得られる. 成分 p'_z は p'_y と同じ計算になり

$$\left.\begin{aligned} p'_x &= \gamma\left(p_x - \frac{\beta E}{c}\right), \quad p'_y = p_y, \quad p'_z = p_z \\ \frac{E'}{c} &= \gamma\left(\frac{E}{c} - \beta p_x\right) \end{aligned}\right\} \quad (2.28)$$

とまとめられる．これはローレンツ変換(2.26)における変数の組 (x, y, z, ct) を $(p_x, p_y, p_z, E/c)$ でおきかえたものになっていることに注意しよう．

したがって，一般的なローレンツ変換 (2.3) に対して運動量とエネルギーは

$$\left. \begin{array}{l} \boldsymbol{p}' = \boldsymbol{p} + \boldsymbol{v}\left(\dfrac{\gamma-1}{v^2}\boldsymbol{v}\cdot\boldsymbol{p} - \gamma\dfrac{E}{c^2}\right) \\ E' = \gamma(E - \boldsymbol{v}\cdot\boldsymbol{p}) \end{array} \right\} \qquad (2.29)$$

と変換される．この逆変換は $\boldsymbol{v}$ を $-\boldsymbol{v}$ でおきかえるだけで得られる．

2.5 4元ベクトル

(1) ベクトルの成分と計量テンソル

まず，図 2.3 (a) に示すような 2 次元直交座標系 (x, y) を考えよう．x, y 軸の単位ベクトルを $\boldsymbol{e}_x, \boldsymbol{e}_y$ とすると，ベクトル $\boldsymbol{A}$ は

$$\boldsymbol{A} = A_x \boldsymbol{e}_x + A_y \boldsymbol{e}_y \qquad (2.30)$$

と表される．

次に，図 2.3 (b) に示すように，x^1, x^2 軸の単位ベクトルを $\boldsymbol{e}_1, \boldsymbol{e}_2$ とする 2 次元斜交座標系を考えよう．ベクトル $\boldsymbol{A}$ は

$$\boldsymbol{A} = A^1 \boldsymbol{e}_1 + A^2 \boldsymbol{e}_2 \qquad (2.31)$$

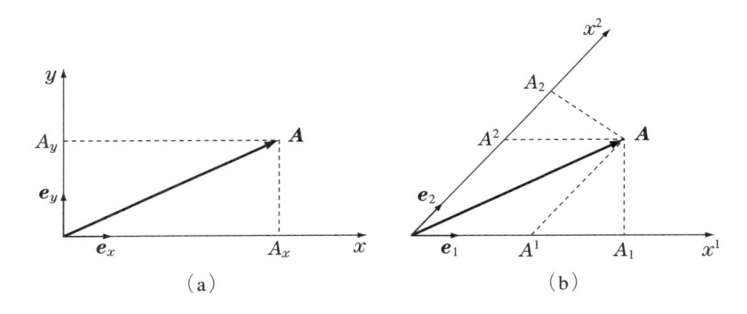

図 2.3 (a) 2 次元直交座標系，(b) 2 次元斜交座標系．

と書ける．(A^1, A^2) をベクトルの**反変成分**，あるいは**反変ベクトル**といい，上つきの添字を持った量 $A^\mu (\mu = 1, 2)$ で表す．

一方，それぞれの軸への $\boldsymbol{A}$ の正射影は

$$A_1 = \boldsymbol{e}_1 \cdot \boldsymbol{A} \tag{2.32}$$

$$A_2 = \boldsymbol{e}_2 \cdot \boldsymbol{A} \tag{2.33}$$

である．(A_1, A_2) をベクトルの**共変成分**，あるいは**共変ベクトル**といい，下つきの添字を持った量 A_μ で表す．

(2.31) を (2.32), (2.33) に代入すると

$$A_1 = \boldsymbol{e}_1 \cdot \boldsymbol{e}_1 A^1 + \boldsymbol{e}_1 \cdot \boldsymbol{e}_2 A^2$$

$$A_2 = \boldsymbol{e}_2 \cdot \boldsymbol{e}_1 A^1 + \boldsymbol{e}_2 \cdot \boldsymbol{e}_2 A^2$$

となる．

ここで

$$\eta_{\mu\nu} = \boldsymbol{e}_\mu \cdot \boldsymbol{e}_\nu \tag{2.34}$$

という量を導入しよう．すると

$$A_1 = \eta_{11} A^1 + \eta_{12} A^2 = \sum_\nu \eta_{1\nu} A^\nu$$

$$A_2 = \eta_{21} A^1 + \eta_{22} A^2 = \sum_\nu \eta_{2\nu} A^\nu$$

となるから，まとめて

$$A_\mu = \eta_{\mu\nu} A^\nu \tag{2.35}$$

と書こう．ただし，今後は $\sum$ 記号を省略し，上下に同じ添字があるときは，その添字について和を取るものとする．添字 μ, ν, λ などは，2 次元曲面では 1, 2 の値を取るが，3 次元空間では 1, 2, 3 を取り，4 次元ミンコフスキー空間では 0, 1, 2, 3 を取る．

(2.34) の $\eta_{\mu\nu}$ を**計量テンソル**という．これを行列と見なし，その逆行列を $\eta^{\mu\nu}$ とすると，それらは関係式

$$\eta_{\mu\lambda} \eta^{\lambda\nu} = \delta_\mu{}^\nu = \begin{cases} 1 & (\mu = \nu) \\ 0 & (\mu \neq \nu) \end{cases} \tag{2.36}$$

を満足する．$\delta_\mu{}^\nu$ を**クロネッカーの記号**という．

(2.35) に $\eta^{\lambda\mu}$ を掛け，(2.36) を用いると
$$\eta^{\lambda\mu} A_\mu = \eta^{\lambda\mu} \eta_{\mu\nu} A^\nu = \delta^\lambda{}_\nu A^\nu = A^\lambda$$
を得る．この添字を入れかえると
$$A^\mu = \eta^{\mu\nu} A_\nu \tag{2.37}$$
と書ける．すなわち，(2.35) と (2.37) からわかるように $\eta_{\mu\nu}$，$\eta^{\mu\nu}$ を用いて添字を下げたり，上げたりすることができるのである．

（2）線素と計量テンソル

座標が x^μ と $x^\mu + dx^\mu$ である隣接した2点を考えよう．その2点を結ぶベクトルは (2.31) より
$$d\boldsymbol{s} = dx^\mu \boldsymbol{e}_\mu \tag{2.38}$$
と書ける．したがって，2点間の距離は
$$ds^2 = \boldsymbol{e}_\mu \cdot \boldsymbol{e}_\nu \, dx^\mu dx^\nu$$
となり，計量テンソル (2.34) を用いると
$$ds^2 = \eta_{\mu\nu} dx^\mu dx^\nu \tag{2.39}$$
と表せる．この ds^2 を**線素**という．

以下に線素と計量テンソルの例を挙げておこう．

（ⅰ）2次元平面
$$ds^2 = dx^2 + dy^2, \qquad x^\mu = (x, y)$$
$$\eta_{\mu\nu} = \begin{pmatrix} 1 & 0 \\ 0 & 1 \end{pmatrix}$$

（ⅱ）平面極座標系
$$ds^2 = dr^2 + r^2 d\varphi^2, \qquad x^\mu = (r, \varphi)$$
$$\eta_{\mu\nu} = \begin{pmatrix} 1 & 0 \\ 0 & r^2 \end{pmatrix}$$

（iii）デカルト座標系

$$ds^2 = dx^2 + dy^2 + dz^2, \qquad x^\mu = (x, y, z)$$

$$\eta_{\mu\nu} = \begin{pmatrix} 1 & 0 & 0 \\ 0 & 1 & 0 \\ 0 & 0 & 1 \end{pmatrix}$$

（iv）ミンコフスキー空間

$$\left. \begin{aligned} ds^2 &= -c^2 dt^2 + dx^2 + dy^2 + dz^2, \qquad x^\mu = (ct, x, y, z) \\ \eta_{\mu\nu} &= \begin{pmatrix} -1 & 0 & 0 & 0 \\ 0 & 1 & 0 & 0 \\ 0 & 0 & 1 & 0 \\ 0 & 0 & 0 & 1 \end{pmatrix} \end{aligned} \right\} \quad (2.40)$$

ミンコフスキー空間は3次元ユークリッド空間に時間軸を加えたもので，時空は平坦である．後で述べるように，一般相対論では曲がった時空を取り扱うことになり，(2.39)を一般化して線素を

$$ds^2 = g_{\mu\nu} dx^\mu dx^\nu$$

と書く．ここで計量テンソル $g_{\mu\nu}$ はもはや定数でなく，x^μ の関数である．

（3）スカラー，ベクトル，テンソル

しばしばスカラーは大きさだけを持った量，ベクトルは大きさと向きを持った量として扱われるが，ここでは座標変換との関連性からこれらの量を考えてみよう．慣性系SとS′から見た点Pの座標を x^μ, x'^μ とする．以下の議論ではミンコフスキー空間を扱うので，ギリシャ文字の添字 μ, ν, λ などは 0, 1, 2, 3 の値を取る．

さて，座標変換 $x \to x'$ を

$$x'^\mu = \alpha^\mu{}_\nu x^\nu \tag{2.41}$$

とする．同一の点に対してS系での量 $\phi(x)$ とS′系での量 $\phi'(x')$ との間に

$$\phi' = \phi \tag{2.42}$$

が成り立つ場合, ϕ を**スカラー**という. S系での4個の量を $A^\mu(x)$ とし, これを S′ 系で見たとき $A'^\mu(x')$ とする. (2.41) と同じ関係式

$$A'^\mu = \alpha^\mu{}_\nu A^\nu \tag{2.43}$$

が成立する場合, A^μ を **(反変)ベクトル**という.

これを拡張して, S系での量 $T^{\mu\nu}(x)$ と S′ 系での量 $T'^{\mu\nu}(x')$ との間に

$$T'^{\mu\nu} = \alpha^\mu{}_\lambda \alpha^\nu{}_\sigma T^{\lambda\sigma} \tag{2.44}$$

が成り立つ場合, $T^{\mu\nu}$ を2階の**テンソル**と定義する. さらに, n 個の独立な添字を持つ量 $T^{\mu_1\mu_2\cdots\mu_n}$ に対して変換法則

$$T'^{\mu_1\mu_2\cdots\mu_n} = \alpha^{\mu_1}{}_{\nu_1}\alpha^{\mu_2}{}_{\nu_2}\cdots\alpha^{\mu_n}{}_{\nu_n} T^{\nu_1\nu_2\cdots\nu_n} \tag{2.45}$$

が成り立つとき, $T^{\mu_1\mu_2\cdots\mu_n}$ を n 階のテンソルという. 添字の個数に応じて n 個の変換行列が掛けられていることに注意しよう. この定義によれば, スカラーは0階のテンソルであり, ベクトルは1階のテンソルである.

2階のテンソルにおいて添字を入れかえたとき

$$S^{\mu\nu} = S^{\nu\mu} \tag{2.46}$$

が成り立つものを**対称テンソル**といい

$$A^{\mu\nu} = -A^{\nu\mu} \tag{2.47}$$

が成り立つものを**反対称テンソル**という. (2.40) からわかるように, 計量テンソル $\eta_{\nu\mu}$ は対称テンソルである.

問 2.2 対称テンソル $S_{\mu\nu}$ と反対称テンソル $A_{\mu\nu}$ との積は $S^{\mu\nu}A_{\mu\nu} = 0$ となることを示せ.

変換行列 $\alpha^\mu{}_\nu$ の行列式を α としよう. このとき (2.42) の代わりに

$$\phi' = \alpha\phi \tag{2.48}$$

が成り立つならば, ϕ を**擬スカラー**という. 同様に

$$B'^\mu = \alpha\alpha^\mu{}_\nu B^\nu \tag{2.49}$$

であるなら, B^μ を**擬ベクトル**といい

$$U'^{\mu\nu} = \alpha\alpha^\mu{}_\lambda \alpha^\nu{}_\sigma U^{\lambda\sigma} \tag{2.50}$$

が成立する場合，$U^{\mu\nu}$ を 2 階の**擬テンソル**という．

例えば，3 次元空間で座標系を z 軸の周りに角 θ だけ回転するとき，その変換行列は

$$\alpha^i_j = \begin{pmatrix} \cos\theta & \sin\theta & 0 \\ -\sin\theta & \cos\theta & 0 \\ 0 & 0 & 1 \end{pmatrix}$$

であるから，行列式は $\alpha = 1$ となり，擬スカラー，擬ベクトル，擬テンソルはそれぞれスカラー，ベクトル，テンソルと同じように変換される．

一方，空間反転に対して，変換行列は

$$\alpha^i_j = \begin{pmatrix} -1 & 0 & 0 \\ 0 & -1 & 0 \\ 0 & 0 & -1 \end{pmatrix}$$

であり，$\alpha = -1$ となる．ベクトルは符号を変えて $\boldsymbol{A}' = -\boldsymbol{A}$ と変換されるが，2 つのベクトル $\boldsymbol{A}$ と $\boldsymbol{B}$ のベクトル積 $\boldsymbol{C} = \boldsymbol{A} \times \boldsymbol{B}$ は

$$\boldsymbol{C}' = \boldsymbol{A}' \times \boldsymbol{B}' = (-\boldsymbol{A}) \times (-\boldsymbol{B}) = \boldsymbol{C}$$

と変換されるので，符号を変えない．したがって，$\boldsymbol{C}$ は擬ベクトルである．通常のベクトルを極性ベクトル，擬ベクトルを軸性ベクトルともいう．

（4）4 元ベクトル

点 P の座標を $x^\mu = (ct, x, y, z)$ とすると，ローレンツ変換 (1.21) は

$$x'^\mu = \alpha^\mu_{\ \nu} x^\nu \tag{2.51}$$

と書けて，変換行列は

$$\alpha^\mu_{\ \nu} = \begin{pmatrix} \gamma & -\gamma\beta & 0 & 0 \\ -\gamma\beta & \gamma & 0 & 0 \\ 0 & 0 & 1 & 0 \\ 0 & 0 & 0 & 1 \end{pmatrix}, \qquad \gamma = \frac{1}{\sqrt{1-\beta^2}} \tag{2.52}$$

である．これは対称行列 $\alpha^\mu_{\ \nu} = \alpha_\nu^{\ \mu}$ であり，その行列式は $\alpha = 1$ である．

(2.51) の逆変換を
$$x^\mu = \tilde{\alpha}^\mu{}_\nu x'^\nu \tag{2.53}$$
と書くと，変換行列は (2.52) で $\beta \to -\beta$ とおきかえて

$$\tilde{\alpha}^\mu{}_\nu = \begin{pmatrix} \gamma & \gamma\beta & 0 & 0 \\ \gamma\beta & \gamma & 0 & 0 \\ 0 & 0 & 1 & 0 \\ 0 & 0 & 0 & 1 \end{pmatrix} \tag{2.54}$$

と表される．

問 2.3 (2.52) の逆行列を計算し，(2.54) を確かめよ．

(2.43) に従い，ミンコフスキー空間において
$$A'^\mu = \alpha^\mu{}_\nu A^\nu \tag{2.55}$$
と変換される量を **4元ベクトル** という．この共変成分は
$$A'_\mu = \eta_{\mu\nu} A'^\nu = \eta_{\mu\nu} \alpha^\nu{}_\lambda A^\lambda = \eta_{\mu\nu} \alpha^\nu{}_\lambda \eta^{\lambda\sigma} A_\sigma$$
と書ける．(2.40) と (2.52) を用いて変換行列を計算すると
$$\eta_{\mu\nu} \alpha^\nu{}_\lambda \eta^{\lambda\sigma} = \tilde{\alpha}_\mu{}^\sigma \tag{2.56}$$
となるから
$$A'_\mu = \tilde{\alpha}_\mu{}^\nu A_\nu \tag{2.57}$$
が得られる．すなわち，共変ベクトルはローレンツ変換の逆行列を用いて変換される．テンソルの定義 (2.44) に対応して，2階の共変テンソルの変換は
$$T'_{\mu\nu} = \tilde{\alpha}_\mu{}^\lambda \tilde{\alpha}_\nu{}^\sigma T_{\lambda\sigma} \tag{2.58}$$
と表される．

ここで計量テンソルの変換性を調べてみると，(2.40)，(2.54) より
$$\eta'_{\mu\nu} = \tilde{\alpha}_\mu{}^\lambda \tilde{\alpha}_\nu{}^\sigma \eta_{\lambda\sigma} = \eta_{\mu\nu} \tag{2.59}$$
を得る．すなわち，計量テンソルをローレンツ変換しても，その成分の値は変わらない．そのため，計量テンソルは基本テンソルと見なされる．

問 2.4 $\tilde{a}_\mu{}^\lambda \tilde{a}_\nu{}^\sigma \eta_{\lambda\sigma} = \eta_{\mu\nu}$ となることを確かめよ.

4元ベクトル A^μ の大きさの2乗は[2]
$$A^2 = \eta_{\mu\nu} A^\mu A^\nu = A_\mu A^\mu \tag{2.60}$$
で与えられる. これを S′ 系で見ると
$$A'^2 = \eta_{\mu\nu} A'^\mu A'^\nu = A'_\mu A'^\mu$$
であるから, 右辺に (2.55) と (2.57) を代入すると
$$A'^2 = \tilde{a}_\mu{}^\nu \alpha^\mu{}_\lambda A_\nu A^\lambda = \delta^\nu{}_\lambda A_\nu A^\lambda = A_\nu A^\nu = A^2 \tag{2.61}$$
が得られる. すなわち, 4元ベクトルの大きさはローレンツ変換に対して不変に保たれる. (1.14), (1.15) からわかるように, もともとローレンツ変換は
$$s^2 = \eta_{\mu\nu} x^\mu x^\nu \tag{2.62}$$
を不変とするように導いたものであるから, このことは当然の帰結である.

x^μ として時間軸に沿ったものを取ると
$$s^2 = -c^2 t^2 < 0$$
であり, 空間軸, 例えば x 軸に沿ったものを取ると
$$s^2 = x^2 > 0$$
である. このことから $A^2 < 0$ となるものを**時間的ベクトル**, $A^2 > 0$ となるものを**空間的ベクトル**, $A^2 = 0$ となるものを**ゼロベクトル**という. それぞれのベクトルと光円錐との関係を図 2.4 に示す.

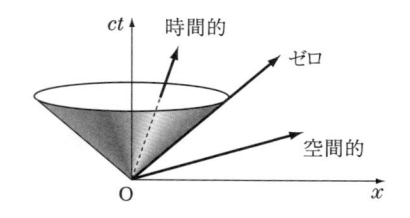

図 2.4 ベクトルの大きさ

問 2.5 ミンコフスキー空間内の1対の事象を結ぶ次のベクトル A^μ, B^μ, C^μ は時間的であるか, 空間的であるか.

---

[2] ベクトルの大きさの2乗の A^2 と反変成分の A^2 とが同じ表記になってしまうが, 前後の関係から識別できるので区別しないで用いることにする.

A^μ: (0, 0, 0, 0) と (−1, 1, 0, 0)
B^μ: (1, 0, 1/2, 0) と (2, 0, 0, 0)
C^μ: (1, 1, 1, 1) と (2, 3, 0, 1)

2つのベクトル A^μ と B^μ の積

$$A_\mu B^\mu = A^\mu B_\mu = \eta_{\mu\nu} A^\mu B^\nu \tag{2.63}$$

を**内積**という.S′系においては(2.61)と同様にして

$$A'_\mu B'^\mu = \tilde{\alpha}_\mu{}^\nu \alpha^\mu{}_\lambda A_\nu B^\lambda = A_\nu B^\nu \tag{2.64}$$

となるから,(2.63)はスカラーであることがわかる.したがって,内積はスカラー積ともいわれる.

n 階のテンソルに対して,その添字を1つ下げ,それについて上の添字と和を取る,すなわち $\eta_{\mu_i \mu_j} T^{\mu_1 \mu_2 \cdots \mu_n}$ を行うと,$(n-2)$ 階のテンソルが得られる.この操作を**縮約**という.(2.63)では2階のテンソルから0階のテンソル,すなわちスカラーが作られているから,縮約の特別な場合になっている.

ミンコフスキー空間における位置ベクトル

$$x^\mu = (ct, \boldsymbol{r}) \tag{2.65}$$

は4元ベクトルである.このベクトルの大きさの2乗

$$s^2 = \eta_{\mu\nu} x^\mu x^\nu$$

を不変に保つ変換がローレンツ変換であることは繰り返し述べた.

座標が x^μ と $x^\mu + dx^\mu$ である隣接した2点を結ぶ

$$dx^\mu = (c\, dt, d\boldsymbol{r}) \tag{2.66}$$

も4元ベクトルである.このベクトルの大きさの2乗

$$ds^2 = \eta_{\mu\nu}\, dx^\mu\, dx^\nu$$

は線素である.

ϕ をスカラーとするとき,その全微分は

$$d\phi = \frac{\partial \phi}{\partial x^\mu}\, dx^\mu$$

である．これは S' 系において

$$d\phi' = \frac{\partial \phi'}{\partial x'^\nu} dx'^\nu = \frac{\partial \phi'}{\partial x'^\nu} \alpha^\nu{}_\mu dx^\mu$$

と書ける．ここで，$d\phi = d\phi'$ であるから

$$\alpha^\nu{}_\mu \frac{\partial \phi'}{\partial x'^\nu} = \frac{\partial \phi}{\partial x^\mu}$$

を得る．両辺に $\tilde{\alpha}_\lambda{}^\mu$ を掛けると

$$\frac{\partial \phi'}{\partial x'^\lambda} = \tilde{\alpha}_\lambda{}^\mu \frac{\partial \phi}{\partial x^\mu} \tag{2.67}$$

となる．

すなわち

$$\frac{\partial}{\partial x^\mu} = \left(\frac{1}{c} \frac{\partial}{\partial t}, \frac{\partial}{\partial x}, \frac{\partial}{\partial y}, \frac{\partial}{\partial z} \right) \tag{2.68}$$

は共変ベクトルである．このベクトルの大きさの2乗は $\eta^{\mu\nu}$ を用いて

$$\Box = \eta^{\mu\nu} \frac{\partial}{\partial x^\mu} \frac{\partial}{\partial x^\nu} = -\frac{1}{c^2} \frac{\partial^2}{\partial t^2} + \frac{\partial^2}{\partial x^2} + \frac{\partial^2}{\partial y^2} + \frac{\partial^2}{\partial z^2} \tag{2.69}$$

と書ける．これはラプラス演算子を4次元化したもので，**ダランベール演算子**といわれる．(2.69) はスカラーであるから，電磁場に対する波動方程式を不変に保つ条件 (1.23) は満足されている．

（5）物理法則の共変性

物理量を4元ベクトル，あるいは4元テンソルで表現することの重要性は，物理法則がローレンツ変換に対して不変に保たれるという相対性原理の要請と密接に関連している．

慣性系 S における物理量 $\phi(x)$，$A^\nu(x)$，… を用いて物理法則が方程式

$$F\left(\phi, \frac{\partial \phi}{\partial x^\mu}, A^\nu, \frac{\partial A^\nu}{\partial x^\lambda}, \cdots \right) = 0 \tag{2.70}$$

で表されるとする．別の慣性系 S' において，物理量はそれぞれ $\phi'(x')$, $A'^\nu(x')$, … と書けて一般に S 系での物理量とは異なる．それにもかかわらず，S' 系での物理法則は

$$F\left(\phi', \frac{\partial \phi'}{\partial x'^\mu}, A'^\nu, \frac{\partial A'^\nu}{\partial x'^\lambda}, \cdots\right) = 0 \tag{2.71}$$

と書ける．(2.71) の関数 F が (2.70) の関数 F と同じであることが相対性原理の要請である．すなわち，"ローレンツ変換に対して方程式は形が**不変**に保たれる，つまり**共変**な形式で表される"のである．したがって，方程式をテンソル形式で書けば，共変性は自動的に満足されている．

2.6　4元速度，4元運動量

質点が速度 u で運動しているとき，時間 dt は座標系に依存した量であり，(1.21) より

$$dt' = \gamma\left(1 - \frac{vu_x}{c^2}\right) dt \tag{2.72}$$

と書ける．一方，(2.27) より

$$\sqrt{1 - \frac{u'^2}{c^2}} = \frac{\sqrt{1 - \beta^2}}{1 - vu_x/c^2} \sqrt{1 - \frac{u^2}{c^2}}$$

であるから

$$\sqrt{1 - \frac{u'^2}{c^2}}\, dt' = \sqrt{1 - \frac{u^2}{c^2}}\, dt = d\tau \tag{2.73}$$

が得られる．ここで (1.34) を用いた．(2.73) は固有時間 $d\tau$ がローレンツ変換に対する不変量，すなわちスカラーであることを示している．

4元ベクトル x^μ をスカラー τ で微分した量

$$U^\mu = \frac{dx^\mu}{d\tau} = \left(\frac{c}{\sqrt{1 - u^2/c^2}}, \frac{\bm{u}}{\sqrt{1 - u^2/c^2}}\right) \tag{2.74}$$

は4元ベクトルである．これを**4元速度**という．その大きさの2乗は

$$U^2 = \eta_{\mu\nu} U^\mu U^\nu$$
$$= -\frac{c^2}{1-u^2/c^2} + \frac{u^2}{1-u^2/c^2}$$
$$= -c^2 \tag{2.75}$$

となる．したがって，4元速度は時間的ベクトルである．

固有時間を用いれば (2.75) を簡潔に導くことができる．つまり

$$dx^\mu = (c\,d\tau, 0, 0, 0)$$

であるから

$$ds^2 = \eta_{\mu\nu}\,dx^\mu\,dx^\nu = -c^2\,d\tau^2$$

と書けるので

$$\eta_{\mu\nu} \frac{dx^\mu}{d\tau} \frac{dx^\nu}{d\tau} = -c^2$$

を得る．これは (2.75) そのものである．

(2.75) を τ で微分すると

$$\frac{d}{d\tau} U^2 = \eta_{\mu\nu} U^\mu \frac{dU^\nu}{d\tau} + \eta_{\mu\nu} \frac{dU^\mu}{d\tau} U^\nu = 0$$

となる．第2項は添字 μ, ν を入れかえ，対称性 $\eta_{\mu\nu} = \eta_{\nu\mu}$ を用いると，第1項に等しくなるから

$$\eta_{\mu\nu} U^\mu \frac{dU^\nu}{d\tau} = 0 \tag{2.76}$$

が得られる．

2.4節で見たように，エネルギーと運動量の組 $(E/c, \boldsymbol{p})$ が $(ct, \boldsymbol{r})$ と同じように変換されるから

$$P^\mu = \left(\frac{E}{c}, \boldsymbol{p}\right) = (mc, m\boldsymbol{u}) \tag{2.77}$$

は4元ベクトルである．これを**4元運動量**という．(2.77) に (2.14) を代入

すると
$$P^\mu = \left(\frac{m_0 c}{\sqrt{1-u^2/c^2}}, \frac{m_0 \boldsymbol{u}}{\sqrt{1-u^2/c^2}}\right)$$
となるから，(2.74) を用いて
$$P^\mu = m_0 U^\mu \tag{2.78}$$
と書ける．静止質量はスカラーであるから，P^μ が4元ベクトルであることが確認できる．

4元運動量の大きさの2乗は (2.77) より
$$P^2 = \eta_{\mu\nu} P^\mu P^\nu = -\frac{E^2}{c^2} + p^2 \tag{2.79}$$
と表される．一方，(2.78) を用いると
$$P^2 = m_0^2 \eta_{\mu\nu} U^\mu U^\nu = -m_0^2 c^2 \tag{2.80}$$
と書くこともできる．ここで (2.75) を用いた．なお，4元運動量も時間的ベクトルである．(2.79) と (2.80) より
$$E^2 = p^2 c^2 + m_0^2 c^4 \tag{2.81}$$
であるから
$$E = \pm\sqrt{p^2 c^2 + m_0^2 c^4} \tag{2.82}$$
が得られる．普通の粒子はエネルギーが正の値を持つ．負のエネルギーを持った粒子が反粒子に相当することは場の理論によって明らかにされた．

なお，光に対しては $m_0 = 0$ であるから
$$E = pc \tag{2.83}$$
と書ける．

2.7 粒子の衝突・散乱

(1) コンプトン散乱

振動数 ν の光は波長 $\lambda = c/\nu$，エネルギー $E = h\nu$ を持っている．ただし，

h はプランク定数である．図 2.5 に示すように，振動数 ν の光が静止している電子と弾性衝突をして，角 θ の方向に散乱され，電子が角 φ の方向に反跳される場合を考えよう．

衝突前の光のエネルギーと運動量の大きさを E, p, 衝突後のそれらを $\bar{E}$, $\bar{p}$, 電子の静止質量を m_e, 衝突後の電子のエネルギーと運動量の大きさを $\bar{E}_e$, $\bar{p}_e$ としよう．

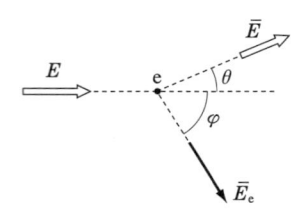

図 2.5 コンプトン散乱

運動量保存則より

$$p = \bar{p}\cos\theta + \bar{p}_e \cos\varphi \tag{2.84}$$

$$0 = \bar{p}\sin\theta - \bar{p}_e \sin\varphi \tag{2.85}$$

エネルギー保存則より

$$E + m_e c^2 = \bar{E} + \bar{E}_e \tag{2.86}$$

と書ける．(2.84) と (2.85) より

$$\bar{p}_e^2 = (p - \bar{p}\cos\theta)^2 + (\bar{p}\sin\theta)^2 = p^2 - 2p\bar{p}\cos\theta + \bar{p}^2 \tag{2.87}$$

を得る．(2.81) と同じ関係式

$$\bar{E}_e^2 = \bar{p}_e^2 c^2 + m_e^2 c^4$$

に (2.86) と (2.87) を代入すると

$$(E - \bar{E} + m_e c^2)^2 = (p^2 - 2p\bar{p}\cos\theta + \bar{p}^2)c^2 + m_e^2 c^4$$

となり，(2.83) を用いると

$$E\bar{E}(1 - \cos\theta) = m_e c^2 (E - \bar{E})$$

となる．

したがって，両辺を $E\bar{E}$ で割ると

$$\bar{\lambda} - \lambda = \lambda_e (1 - \cos\theta), \qquad \lambda_e = \frac{h}{m_e c} \tag{2.88}$$

が得られる．ここで λ_e を電子の**コンプトン波長**という．このように，電子との衝突によって光（X線）の波長が長くなる現象は**コンプトン散乱**といわ

れ，光の粒子性を確かめた重要な実験の1つである．

問 2.6 エネルギー保存則 (2.86) をニュートン力学における力学的エネルギー保存則で書きかえたとき，衝突の前後で運動量の大きさがほとんど変わらず，$p - \bar{p} \ll p$ と近似することにより (2.88) を導け．

次に，4元運動量を用いて (2.88) を簡潔に導いてみよう．衝突の前と後における光の4元運動量をそれぞれ P^μ, $\bar{P}^\mu$，電子の4元運動量を Q^μ, $\bar{Q}^\mu$ とする．エネルギーと運動量の保存則は

$$P^\mu + Q^\mu = \bar{P}^\mu + \bar{Q}^\mu \tag{2.89}$$

と表される．したがって

$$(P^\mu + Q^\mu - \bar{P}^\mu)(P_\mu + Q_\mu - \bar{P}_\mu) = \bar{Q}^\mu \bar{Q}_\mu$$

が成り立つ．この式に

$$P^\mu P_\mu = \bar{P}^\mu \bar{P}_\mu = 0, \qquad Q^\mu Q_\mu = \bar{Q}^\mu \bar{Q}_\mu$$

を代入すると

$$P^\mu \bar{P}_\mu = Q^\mu (P_\mu - \bar{P}_\mu) \tag{2.90}$$

となる．

ここで

$$P^\mu = (E/c, \boldsymbol{p}), \qquad \bar{P}^\mu = (\bar{E}/c, \bar{\boldsymbol{p}}), \qquad Q^\mu = (m_e c, \boldsymbol{0})$$

$$\boldsymbol{p} \cdot \bar{\boldsymbol{p}} = p\bar{p} \cos\theta = \frac{E\bar{E}}{c^2} \cos\theta$$

であるから (2.90) は

$$\frac{E\bar{E}}{c^2}(1 - \cos\theta) = m_e(E - \bar{E})$$

と書けて，(2.88) に帰着する．

（2）粒子の対生成

(2.77)，(2.78) における m_0, E, $\boldsymbol{p}$ は1個の質点の静止質量，エネルギー，

運動量であるが，質点系の場合には，それらを質点系の全静止質量，全エネルギー，全運動量と見なすこともできる．その例として，高エネルギーの陽子が静止している陽子に衝突して陽子・反陽子の対生成をする過程を考えよう．この過程はエネルギーと質量の同等性を示す証拠でもある．

陽子の静止質量を m_0 とし，図 2.6 に示すように，実験室系で入射陽子は速度 u_1 で運動しているとする．重心系では 2 個の陽子は等しい速さ u_1' で互いに逆向きに運動しているから，全運動量は 0 であり，重心系の全エネルギーは

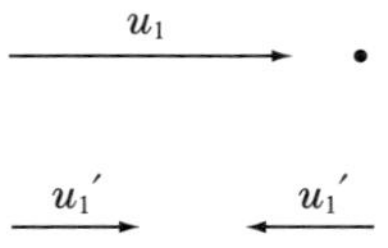

図 2.6 粒子の対生成

$$E' = 2E_1'$$

と書ける．ただし，$E_1' = m_1' c^2$ は速さ u_1' の陽子の全エネルギーであり，その質量は

$$m_1' = \frac{m_0}{\sqrt{1 - u_1'^2/c^2}}$$

である．

2 個の陽子が衝突してエネルギーをすべて陽子・反陽子の対生成に費やし，衝突後はすべての陽子・反陽子が静止した状態となる場合を考える．衝突後の粒子の全運動エネルギーは 0 であるから，エネルギーの効率が最も高い場合になる．このとき

$$E' = 4m_0 c^2$$

と表される．すなわち

$$\frac{m_1'}{m_0} = \frac{1}{\sqrt{1 - u_1'^2/c^2}} = 2$$

となるから

$$u_1' = \frac{\sqrt{3}}{2} c$$

を得る．

実験室系で静止していた標的粒子は重心系において $-u_1'$ で運動しているから，重心系は実験室系に対して $v = u_1'$ で運動していることになる．したがって，(1.26) の逆変換を用いると，入射陽子の速度は

$$u_1 = \frac{u_1' + v}{1 + vu_1'/c^2} = \frac{4\sqrt{3}}{7}c$$

となり，実験室系での陽子の全エネルギー E_1 は

$$E_1 = \frac{m_0 c^2}{\sqrt{1 - u_1^2/c^2}} = 7m_0 c^2$$

となる．すなわち，陽子・反陽子対を生成するためには，少なくとも入射陽子の全エネルギーは $7m_0c^2$ が必要となる．この場合，(2.23) より，静止エネルギーを差し引いた運動エネルギーは $6m_0c^2$ となる．このエネルギーを**しきい値エネルギー**という．

「(1) コンプトン散乱」の場合と同じように，この過程を4元運動量を用いて計算してみよう．実験室系における入射陽子の運動量を $\boldsymbol{p}_1$ とすると，この系の全エネルギーと全運動量は

$$E = E_1 + m_0 c^2, \qquad \boldsymbol{P} = \boldsymbol{p}_1$$

であり，重心系では

$$E' = 4m_0 c^2, \qquad \boldsymbol{P}' = \boldsymbol{0}$$

である．したがって

$$P^\mu P_\mu = -\frac{(E_1 + m_0 c^2)^2}{c^2} + p_1^2 = -(4m_0 c)^2 \qquad (2.91)$$

と書ける．入射陽子に対しては (2.81) と同様に

$$E_1^2 = p_1^2 c^2 + m_0^2 c^4$$

が成り立つから，これを (2.91) に代入すると

$$E_1 = 7m_0 c^2$$

が得られる．このように4元運動量を用いると，速度を計算することなく，しきい値エネルギーを簡単に求めることができる．

2. 相対論的力学

問 2.7 速さ u_1 で運動する粒子が反対方向から来る速さ u_2 の粒子と正面衝突した．
(1) 相対速度が $u^* = (u_1 + u_2)/(1 + u_1 u_2/c^2)$ となることを示せ．
(2) この u^* に対するローレンツ因子が $\gamma^* = \gamma_1 \gamma_2 (1 + \beta_1 \beta_2)$ となることを示せ．

問 2.8 陽子の静止エネルギーは 938 MeV である．加速器を用いて 10 GeV に加速した陽子と反陽子を正面衝突させたとき，陽子から見た反陽子のエネルギーはいくらか．

問 2.9 1 個の高エネルギー光子による電子・陽電子対生成 ($\gamma \to e^- + e^+$) において，運動量とエネルギーが同時に保存されないことを示せ．（対生成には原子核あるいは他の電子が関与する必要がある．）

2.8 運動方程式

力 $\boldsymbol{F}$ が与えられている場合，運動方程式 (2.16) と仕事率 (2.18) は

$$\frac{d\boldsymbol{p}}{dt} = \boldsymbol{F}, \qquad \frac{dE}{dt} = \boldsymbol{F} \cdot \boldsymbol{u} \tag{2.92}$$

と書ける．これらは (2.73) と (2.77) を用いて

$$\frac{dP^\mu}{d\tau} = F^\mu \tag{2.93}$$

とまとめられる．ただし

$$F^\mu = \left(\frac{\boldsymbol{F} \cdot \boldsymbol{u}}{c\sqrt{1 - u^2/c^2}}, \frac{\boldsymbol{F}}{\sqrt{1 - u^2/c^2}} \right) \tag{2.94}$$

であり，**4元力**といわれる．(2.76) より

$$\eta_{\mu\nu} F^\mu U^\nu = \eta_{\mu\nu} \frac{dP^\mu}{d\tau} U^\nu = m_0 \eta_{\mu\nu} \frac{dU^\mu}{d\tau} U^\nu = 0 \tag{2.95}$$

が成り立つから，力 (2.94) は 4 元速度に直交している．

運動方程式を解く例題として，静止質量 m_0 の質点に一定の力 $m_0 g$ が作用

している場合を考えよう．ニュートン力学における自由落下と対比させるため，この力の向きに x 軸を取ると，運動方程式 (2.92) は

$$\frac{d}{dt}\left(\frac{m_0 u}{\sqrt{1-u^2/c^2}}\right) = m_0 g, \qquad u = \frac{dx}{dt} \tag{2.96}$$

と書ける．なお，初期条件は $t=0$ で $x=u=0$ とする．(2.96) を積分すると

$$\frac{u}{\sqrt{1-u^2/c^2}} = gt$$

となり

$$u = \frac{gt}{\sqrt{1+(gt/c)^2}} \tag{2.97}$$

を得る．さらに，これを積分すると

$$x = \frac{c^2}{g}\left[\sqrt{1+\left(\frac{gt}{c}\right)^2} - 1\right] \tag{2.98}$$

となる．すなわち

$$\left(\frac{gx}{c^2}+1\right)^2 - \left(\frac{gt}{c}\right)^2 = 1 \tag{2.99}$$

が得られる．

x と ct の関係を図 2.7 に示す．$gt \ll c$ のとき，(2.97), (2.98) を展開すると

$$u \simeq gt, \qquad x \simeq \frac{1}{2}gt^2$$

となり，ニュートン力学の結果に一致する．一方，(2.97) からわかるように，$t \to \infty$ としても u は c を超えることはない．一定の力を作用し続けても速さが無限に大きくならないのは，$u \to c$ になると質量が非常に大きくなるからである．

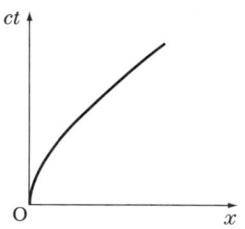

図 2.7 等加速度運動の世界線

次に，落下する質点の固有時間を求めよう．それは

$$\tau = \int d\tau = \int \sqrt{1 - \frac{u^2}{c^2}} dt$$

$$= \int \frac{dt}{\sqrt{1 + (gt/c)^2}}$$

と書ける．これは $gt = c \sinh \xi$ とおくと，積分できて

$$\tau = \frac{c}{g} \xi = \frac{c}{g} \sinh^{-1} \frac{gt}{c}$$

$$= \frac{c}{g} \ln \left[\frac{gt}{c} + \sqrt{1 + \left(\frac{gt}{c}\right)^2} \right]$$

が得られる．ただし，$t = 0$ で $\tau = 0$ とした．$gt \ll c$ のときは $\tau \simeq t$ であるが，$t \to \infty$ のとき

$$\tau \simeq \frac{c}{g} \ln \left(\frac{2gt}{c} \right)$$

である．これは加速度運動している質点の固有時がほとんど進まないことを示しており，1.6節で考えた双子のパラドックスに最終的な解決を与えるものである．

問 2.10 g を地表の重力加速度の値とする．静止した状態から加速して，速さが $0.5c$ となるまでの時間を求めよ．また，そのときまでに経過した固有時間はいくらか．

2.9 質点のラグランジュ関数とハミルトン関数

解析力学で学んだように，ラグランジュ方程式は作用積分

$$S = \int_{t_1}^{t_2} L \, dt \tag{2.100}$$

の変分 $\delta S = 0$ から導かれる．

2.9 質点のラグランジュ関数とハミルトン関数

　運動方程式を共変形式で求めるためには，作用積分をスカラー量だけで表現する必要がある．質点の運動に関するこれまでの議論によれば，スカラーは光の速さ c，静止質量 m_0 と固有時 $d\tau$ であるから，次元解析に基づいて自由粒子の作用積分を

$$S = Km_0c^2 \int d\tau = Km_0c^2 \int \sqrt{1 - \frac{u^2}{c^2}}\, dt$$

と書こう．ここで K は数因子である．したがって，ラグランジュ関数は

$$L = Km_0c^2\sqrt{1 - \frac{u^2}{c^2}} + C \tag{2.101}$$

と表される．ただし，C は積分定数である．$u \ll c$ のとき (2.101) を展開して

$$L = K\left(m_0c^2 - \frac{1}{2}m_0u^2\right) + C$$

となる．これが解析力学のラグランジュ関数 $(1/2)m_0u^2$ に等しくなるという条件より

$$K = -1, \qquad C = m_0c^2$$

を得る．すなわち

$$L = m_0c^2\left(1 - \sqrt{1 - \frac{u^2}{c^2}}\right)$$

である．したがって，一般の運動をしている質点の**ラグランジュ関数**は

$$L = m_0c^2\left(1 - \sqrt{1 - \frac{u^2}{c^2}}\right) - U \tag{2.102}$$

と表す．ただし，U は質点の位置のみに依存するポテンシャルである．(2.13) と (2.102) を比べると，L はもはや $T - U$ に等しくないことがわかる．

　しかしながら，解析力学と同様に (2.102) を u_x で微分して一般化運動量を求めると

$$p_x = \frac{\partial L}{\partial u_x} = m_0c^2\frac{u_x/c^2}{\sqrt{1 - u^2/c^2}} = \frac{m_0u_x}{\sqrt{1 - u^2/c^2}} \tag{2.103}$$

となり，運動量の表式 (2.15) に一致する．

変分 $\delta S = 0$ から得られた**ラグランジュ方程式**は

$$\frac{d}{dt}\left(\frac{\partial L}{\partial u_x}\right) - \frac{\partial L}{\partial x} = 0$$

であり，運動方程式 (2.92) に一致する．

さらに，ハミルトン関数は

$$H = p_x u_x + p_y u_y + p_z u_z - L$$
$$= \frac{m_0 u^2}{\sqrt{1 - u^2/c^2}} - m_0 c^2 \left(1 - \sqrt{1 - \frac{u^2}{c^2}}\right) + U$$
$$= \frac{m_0 c^2}{\sqrt{1 - u^2/c^2}} - m_0 c^2 + U$$

と表せる．これは質点の力学的エネルギーであるから

$$H = T + U \tag{2.104}$$

が成り立つ．

例：水星の近日点移動（その1）

水星の近日点移動は，他の惑星からの摂動だけでは説明できない現象として知られていた．この問題は一般相対論により解決されたが，ここでは特殊相対論の範囲内で調べてみよう．太陽の質量を M，惑星の静止質量を m とし，平面極座標系 (r, φ) を用いる．

万有引力定数を $G = 6.67 \times 10^{-11}$ N m^2/kg^2 とすると，万有引力のポテンシャルは $U = -GmM/r$ であるから，惑星運動のラグランジュ関数は

$$L = mc^2\left[1 - \sqrt{1 - \frac{1}{c^2}(\dot{r}^2 + r^2\dot{\varphi}^2)}\right] + \frac{GmM}{r}$$

である．ここで，ドットは t についての微分を表す．L は φ を陽に含んでいないので $p_\varphi = $ 一定 $= mh$ と書ける．したがって

2.9 質点のラグランジュ関数とハミルトン関数

$$\dot{\varphi} = \frac{h}{r^2}\sqrt{\frac{c^2 - \dot{r}^2}{c^2 + h^2/r^2}}$$

を得る．系のハミルトン関数は mc^2 を基準に取ると

$$H = mc^2\sqrt{\frac{c^2 + h^2/r^2}{c^2 - \dot{r}^2}} - \frac{GmM}{r}$$

となる．L は t を陽に含んでいないので H は一定となるから，A を定数として $H = 2Amc^2$ と書ける．この式から $\dot{r}$ が求められる．ニュートン力学にならって $u = 1/r$ とおくと，軌道の方程式

$$\frac{d^2 u}{d\varphi^2} + Bu = D$$

が得られる．ここで

$$B = 1 - \frac{c^2 \alpha^2}{4h^2}, \qquad D = \frac{Ac^2 \alpha}{h^2}, \qquad \alpha = \frac{2GM}{c^2}$$

である．したがって，解は

$$u = \frac{1 + \varepsilon \cos(\sqrt{B}\varphi + \beta)}{l}$$

と書ける．ただし，$l = B/D$，ε は離心率，β は定数である．

図 2.8 に誇張して示すように，惑星の軌道は閉じた楕円とはならない．$\varphi = 2\pi/\sqrt{B}$ のとき近日点となるから，近日点は 1 周期ごとに $2\pi(1/\sqrt{B} - 1)$ だけ前進する．このずれは

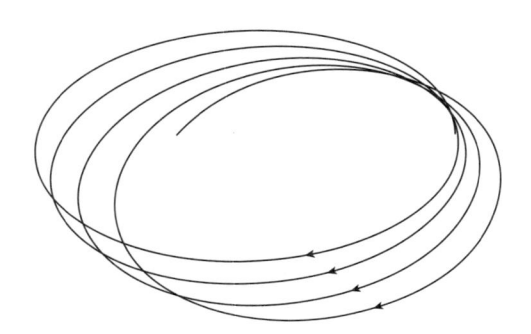

図 2.8 近日点移動

$$\pi\left(\frac{GM}{hc}\right)^2 = \pi\frac{GM}{c^2 a(1-\varepsilon^2)}$$

である．ただし，$a = h^2/[GM(1-\varepsilon^2)]$ は惑星軌道の長半径である．水星の場合，$a = 5.79 \times 10^{10}$ m，$\varepsilon = 0.206$，公転周期は 0.241 yr であるから，近日点の前進は 100 年間で 3.48×10^{-5} rad となる．これは 5.3 節の例で述べるように，一般相対論で得られた値の 1/6 である．

なお，惑星の軌道は相対論的運動方程式 (2.94) から直接求めることもできる．

第2章のまとめ

- 相対性原理に基づき，質量，運動量，および運動エネルギーを定義した．これらの表式は，速度が遅い場合にはニュートン力学の表式に帰着する．[2.2, 2.3節]
- 質量とエネルギーが同等であることを示す関係式 $E = mc^2$ を導いた．[2.3節]
- ミンコフスキー空間の計量テンソル $\eta_{\mu\nu}$ を導入した．[2.5節]
- 座標変換と関連させて，スカラー，ベクトル，テンソルを定義した．質点の静止質量や固有時はスカラーの例であり，位置 $x^\mu = (ct, \boldsymbol{r})$ や 4 元運動量 $P^\mu = (E/c, \boldsymbol{p})$ はベクトルの例である．[2.5節]
- 光の粒子性を示すコンプトン散乱，および粒子の対生成の問題は 4 元運動量を用いると簡潔に解けることを示した．[2.7節]
- 質点の運動方程式をローレンツ変換に対して不変な形で表した．[2.8節]
- 相対論的力学における質点のラグランジュ関数，およびハミルトン関数を導いた．[2.9節]

アインシュタイン小伝 (2)

　1896年10月，アインシュタインは17歳のときにETH数理物理学部に入学した．同期生は4人，マルセル・グロスマン，ルイ・コルロス，ヤコブ・エーラト，およびセルビア生まれの女子学生ミレーヴァ・マリッチであり，教授陣にヘルマン・ミンコフスキー，アドルフ・フルヴィッツなどがいた．大学の講義には余り魅力を感じず，ミレーヴァと共にヘルムホルツ，マクスウェル，ヘルツの著作を読んだ．特に，エルンスト・マッハの『力学の批判的発展史』からは実証主義的な観点に強い感銘を受けた．大学の定期試験のときには，きちんと整理されたグロスマンのノートが非常に役立った．

　1900年春，ミレーヴァを除く4人は無事に卒業試験をパスした（ミレーヴァは翌年8月に卒業）．アインシュタインの評点は6点満点で，関数論は5.5，理論物理学，実験物理学，天文学は5，卒業研究は4.5であった．卒業後，3人の級友はETHの助手として採用された．しかし，教授陣の心証が悪かったアインシュタインは無職のまま浪人生活を送るはめになった．

　1900年12月16日，アインシュタインにとって最初の論文『毛管現象からの二三の帰結』が物理学年報（Annalen der Physik）に受理された．また，1901年2月21日にチューリッヒの市民権を得た．スイスには国民皆兵制度があるが，一度も兵役の義務には服さなかった．それは身体検査のとき，扁平足と静脈瘤のため不適格と判定されたからである．1901年5月からヴィンテルトゥール工業学校の代理教員を勤め，10月からはシャフハウゼンの寄宿学校の教員となった．1902年，ミレーヴァとの間に女児リーザルをもうけた．1902年6月にグロスマンの父の推薦によりベルンにあるスイス特許局の3級技術士に採用された．年俸は3500スイスフランであった．

　この頃，モーリス・ソロヴィーヌ，コンラッド・ハビヒトと共に"オリンピア"・アカデミーを立ち上げた．ハビヒトはETHの学友であり，ソロヴィーヌはベルン大学で哲学を学んでいたが，物理に興味を持ち，"数学および物理学の個人教授をします"というアインシュタインの広告に応じてきた学生である．彼らはアインシュタインのアパートで夜遅くまで物理の諸問題を討論したり，プラトンの対話編，ダヴィド・ヒュームの『人生論』，ポアンカレの『科学と仮説』やマッハの著作などを読んだりした．1903年1月6日にミレーヴァと結婚し，翌1904年5月14日に長男ハンス・アルベルトが誕生した．

ETH の友人であり，アーラウ州立学校のヨスト・ヴィンテラーの長女アンナと結婚していたミケーレ・ベッソーとは，特許局の同僚でもあったので，仕事の帰路に物理学上の諸問題についてたびたび議論した．

　1905 年は"奇跡の年"といわれ，アインシュタインは 6 つの重要な論文を立て続けて発表した．

・3 月 17 日に受理された『光の発生と変換に関するひとつの発見的見地について』は光電効果に関する論文であり，エネルギー量子という意味で"光量子"という用語が初めて使われた．1921 年度ノーベル物理学賞の対象となったものである．
・4 月 30 日には学位論文『分子の大きさの新しい決定法』をチューリッヒ大学に提出し，親友グロスマンに捧げられた．
・5 月 11 日付の『熱の分子運動論から要求される静止液体中の懸濁粒子の運動』はブラウン運動についての論文である．
・6 月 30 日に受理された『運動している物体の電気力学について』は特殊相対論についての最初の論文である．引用論文は 1 つもなく，有益な議論をしてくれたことに関してベッソーに謝辞を述べている．
・9 月 27 日付の『物体の慣性はその物体の含むエネルギーに依存するであろうか』は特殊相対論の第 2 論文であり，$E = mc^2$ の関係式が導かれた．
・12 月 19 日には『ブラウン運動の理論』が受理された．

　無名の若い学者による特殊相対論に対して，当初学界の反応は静観的であったが，1905 年冬にはマックス・プランクが相対論の重要性を認め，ベルリン大学の物理コロキウムで紹介すると共に，反対論者を論駁するなどして相対論を全面的に支援した．しかし，彼自身は光量子を認めなかった．

　1906 年 4 月，アインシュタインは 2 級技術士に昇進し，年俸は 4500 スイスフランとなった．11 月に固体の比熱についての量子論を扱った論文『輻射に関するプランクの理論と比熱の理論』を発表した．1907 年に"生涯で最高のアイデア"である等価原理を思いつき，12 月 4 日に受理された論文『相対性原理とそこから引き出される帰結』で重力質量と慣性質量の同等性，および重力赤方偏移に言及した．

第3章 相対論的電磁気学

第3章の学習目標

マクスウェルによってまとめられた電磁気学の体系を特殊相対論の枠組で書きかえる．

前の章で学んだテンソルを用いてマクスウェル方程式を書き直そう．こうすることによって式が非常に簡潔になり，相対性原理を満足していることが容易に理解できるし，電場と磁場を統一的に取り扱うことができる．次に，テンソルの変換則を利用してローレンツ変換の下での電磁場の変換を考える．さらに，エネルギー運動量テンソルを導入し，エネルギー保存則と運動量保存則をまとめて考察してみよう．

3.1 マクスウェル方程式と電磁ポテンシャル

真空中において多くの電荷が一様な速度 u で運動している場合を考えよう．電荷密度を ρ，電流密度を j とすると，電束密度 D，電場の強さ E，磁束密度 B，および磁場の強さ H を関係づけるマクスウェル方程式は

$$\mathrm{div}\, D = \rho \tag{3.1}$$

$$\mathrm{rot}\, E = -\frac{\partial B}{\partial t} \tag{3.2}$$

$$\operatorname{div} \boldsymbol{B} = 0 \tag{3.3}$$

$$\operatorname{rot} \boldsymbol{H} = \boldsymbol{j} + \frac{\partial \boldsymbol{D}}{\partial t} \tag{3.4}$$

と書ける．ただし

$$\boldsymbol{D} = \varepsilon_0 \boldsymbol{E}, \quad \boldsymbol{B} = \mu_0 \boldsymbol{H}, \quad \varepsilon_0 \mu_0 = \frac{1}{c^2}$$

である．

(3.1)，(3.3)，(3.4) より

$$\frac{\partial \rho}{\partial t} + \operatorname{div} \boldsymbol{j} = 0 \tag{3.5}$$

が得られる．これは**連続の式**，あるいは**電荷保存の式**といわれる．マクスウェル[1]はむしろ (3.5) が成り立つように (3.4) に変位電流の項 $\partial \boldsymbol{D}/\partial t$ を加えたことに注意しよう．

(3.3) より磁束密度は

$$\boldsymbol{B} = \operatorname{rot} \boldsymbol{A} \tag{3.6}$$

と書ける．これを (3.2) に代入すると

$$\operatorname{rot}\left(\boldsymbol{E} + \frac{\partial \boldsymbol{A}}{\partial t}\right) = 0$$

となるから，電場の強さは

$$\boldsymbol{E} = -\operatorname{grad} \phi - \frac{\partial \boldsymbol{A}}{\partial t} \tag{3.7}$$

と表せる．この ϕ を**スカラーポテンシャル**，$\boldsymbol{A}$ を**ベクトルポテンシャル**という．

ポテンシャル ϕ と $\boldsymbol{A}$ から $\boldsymbol{E}$ と $\boldsymbol{B}$ を決めることはできるが，逆に $\boldsymbol{E}$ と $\boldsymbol{B}$ から ϕ と $\boldsymbol{A}$ を一意に決めることはできない．例えば，$(\phi, \boldsymbol{A})$ の変換

$$\phi^* = \phi - \frac{\partial \psi}{\partial t} \tag{3.8}$$

---

[1] J. C. Maxwell (1831 – 1879) イギリス生まれ．電磁気学を確立すると共に気体分子運動論の発展に大いに貢献した．

$$A^* = A + \operatorname{grad} \phi \tag{3.9}$$

を考える．ここで，ϕ は x^μ の任意の関数である．このとき

$$B^* = \operatorname{rot} A^* = \operatorname{rot} A = B$$

$$E = -\operatorname{grad} \phi^* - \frac{\partial A^*}{\partial t}$$

$$= -\operatorname{grad} \phi - \frac{\partial A}{\partial t} = E$$

となり，(E, B) は変化しない．ポテンシャルの間の変換 (3.8)，(3.9) を**ゲージ変換**という．したがって，(E, B) はゲージ不変量となる．一方，(ϕ, A) の選び方には任意関数 ϕ による不定性が残ることになる．

(3.7) を (3.1) に代入すると

$$\operatorname{div} E = -\operatorname{div}\operatorname{grad} \phi - \frac{\partial}{\partial t}\operatorname{div} A = \frac{\rho}{\varepsilon_0}$$

となるから (2.69) を用いると

$$\Box \phi + \frac{\partial}{\partial t}\left(\frac{1}{c^2}\frac{\partial \phi}{\partial t} + \operatorname{div} A\right) = -\frac{\rho}{\varepsilon_0} \tag{3.10}$$

が得られる．さらに

$$\operatorname{rot} B = \operatorname{rot}\operatorname{rot} A = \operatorname{grad}\operatorname{div} A - \operatorname{div} \cdot \operatorname{grad} A$$

の左辺に (3.4) を代入すると

$$\operatorname{rot} B = \mu_0 \operatorname{rot} H = \frac{1}{c^2}\frac{\partial E}{\partial t} + \mu_0 j$$

となる．(3.7) を用いると，これは

$$\operatorname{rot} B = -\frac{1}{c^2}\frac{\partial}{\partial t}\operatorname{grad} \phi - \frac{1}{c^2}\frac{\partial^2 A}{\partial t^2} + \mu_0 j$$

と書けるから

$$\Box A - \operatorname{grad}\left(\frac{1}{c^2}\frac{\partial \phi}{\partial t} + \operatorname{div} A\right) = -\mu_0 j \tag{3.11}$$

を得る．$(\phi, \bm{A})$ の選び方には任意性があるので

$$\mathrm{div}\, \bm{A} + \frac{1}{c^2}\frac{\partial \phi}{\partial t} = 0 \tag{3.12}$$

という条件をつけることにしよう．このとき (3.10) と (3.11) は

$$\Box \phi = -\frac{\rho}{\varepsilon_0} \tag{3.13}$$

$$\Box \bm{A} = -\mu_0 \bm{j} \tag{3.14}$$

と書ける．これは波動方程式である．(3.12) を**ローレンスの条件**[2]という．

3.2　マクスウェル方程式の 4 次元定式化

（1）連続の式

空間の全電荷

$$Q = \int \rho\, dV \tag{3.15}$$

はローレンツ変換に対して不変であるから，電荷の静止系においても

$$Q = \int \rho_0\, dV_0 \tag{3.16}$$

と書ける．ただし，ρ_0 は**固有電荷密度**である．体積要素 dV は (1.31) で変換されるので，電荷密度は

$$\rho = \frac{\rho_0}{\sqrt{1 - u^2/c^2}} \tag{3.17}$$

となる．

ここで 4 元電流密度を

---

[2] L. V. Lorenz (1829 – 1891) デンマーク生まれ，電気力学や弾性理論の研究に秀でた．オランダ生まれの H. A. Lorentz (1853 – 1928) としばしば混同され，多くの本でローレンツの条件と引用されてきた．

3.2 マクスウェル方程式の4次元定式化

$$J^\mu = (\rho c, \boldsymbol{j}) = (\rho c, \rho \boldsymbol{u}) \tag{3.18}$$

とすると

$$J^\mu = \left(\frac{\rho_0 c}{\sqrt{1 - u^2/c^2}}, \frac{\rho_0 \boldsymbol{u}}{\sqrt{1 - u^2/c^2}} \right)$$

となるので，4元速度 (2.74) を用いると

$$J^\mu = \rho_0 U^\mu \tag{3.19}$$

と書ける．固有電荷密度 ρ_0 はスカラーであるから J^μ は4元ベクトルとなる．

ここで，(3.18) を用いると，(3.5) は

$$\frac{\partial J^\mu}{\partial x^\mu} = 0 \tag{3.20}$$

と表せる．$\partial/\partial x^\mu$ は共変ベクトルであるので，下付きの添字を強調して

$$\partial_\mu = \frac{\partial}{\partial x^\mu} \tag{3.21}$$

とすると，連続の式 (3.20) は簡略に

$$\partial_\mu J^\mu = 0 \tag{3.22}$$

と書けて，スカラーであることが容易にわかる．

次に，(3.22) をミンコフスキー空間にわたって積分しよう．その際，(1.31) と (1.33) からわかるように**4次元体積要素**

$$d^4 x = dV\, c\, dt = dV_0\, c\, d\tau \tag{3.23}$$

がローレンツ変換に対して不変であることを使う．ここで，積分

$$\int \partial_\mu J^\mu\, d^4 x = c \int \partial_0 J^0\, dt\, dV + c \int \partial_i J^i\, dt\, dV \tag{3.24}$$

を考える．右辺第1項を時刻 t_1 から t_2 まで積分すると

$$c \int \rho\, dV \bigg|_{t=t_2} - c \int \rho\, dV \bigg|_{t=t_1} = c\, Q(t_2) - c\, Q(t_1) \tag{3.25}$$

となる．ただし，$Q(t_1)$ と $Q(t_2)$ は時刻 t_1 と t_2 での全電荷である．(3.24) の右辺第2項にガウスの積分定理を使うと

$$c \int \mathrm{div}\, \boldsymbol{j}\, dV\, dt = \int \boldsymbol{j} \cdot \boldsymbol{n}\, d\sigma\, dt$$

と書ける．ただし，$\boldsymbol{n}$ は体積を囲む面の外向き法線ベクトル，$d\sigma$ は面積要素である．

この体積を十分大きくとって，面積分を無限遠で行うと，$\boldsymbol{j} = \boldsymbol{0}$ とできて，第2項を落とすことができる．したがって，連続の式 (3.22) より (3.24) は 0 となり，(3.25) も 0 となるから，全電荷 Q が一定に保たれる．

（2）4元電磁ポテンシャル

さて

$$A^\mu = \left(\frac{1}{c}\phi,\ \boldsymbol{A}\right) \tag{3.26}$$

を導入しよう．このとき波動方程式 (3.13) と (3.14) は (3.18) を用いて

$$\Box A^\nu = -\mu_0 J^\nu \tag{3.27}$$

とまとめられる．右辺は反変ベクトル，演算子 $\Box$ はスカラーであるから，A^ν も反変ベクトルとなる．これを **4元電磁ポテンシャル** という．

(3.26) を用いるとローレンスの条件 (3.12) は

$$\partial_\mu A^\mu = 0 \tag{3.28}$$

と明白にスカラーの形で表せる．

(2.40) の $\eta_{\mu\nu}$ を用いてベクトル A^μ の添字を下げると

$$\begin{aligned} A_\mu &= \eta_{\mu\nu} A^\nu \\ &= \left(-\frac{1}{c}\phi,\ \boldsymbol{A}\right) \end{aligned} \tag{3.29}$$

となる．したがって，ゲージ変換 (3.8)，(3.9) は

$$A_\mu^* = A_\mu + \partial_\mu \psi \tag{3.30}$$

とまとめられる．

（3）電磁テンソル

共変ベクトル A_ν を微分した $\partial_\mu A_\nu$ は 2 階の共変テンソルであるから

$$F_{\mu\nu} = \partial_\mu A_\nu - \partial_\nu A_\mu \tag{3.31}$$

として反対称テンソル $F_{\mu\nu}$ を定義しよう．つまり

$$F_{\mu\nu} = -F_{\nu\mu} \tag{3.32}$$

である．$F_{\mu\nu}$ はゲージ変換 (3.30) に対して不変である．

問 3.1 テンソル $F_{\mu\nu}$ がゲージ不変であることを示せ．

4×4 の反対称行列は 6 個の独立な成分を持つので，$F_{\mu\nu}$ の行列要素に $\boldsymbol{E}$ と $\boldsymbol{B}$ の成分をそれぞれ割り当てることができる．実際，(3.31) に (3.29) を代入し，(3.6) と (3.7) を使うと

$$F_{\mu\nu} = \begin{pmatrix} 0 & -\dfrac{1}{c}E_x & -\dfrac{1}{c}E_y & -\dfrac{1}{c}E_z \\ \dfrac{1}{c}E_x & 0 & B_z & -B_y \\ \dfrac{1}{c}E_y & -B_z & 0 & B_x \\ \dfrac{1}{c}E_z & B_y & -B_x & 0 \end{pmatrix} \tag{3.33}$$

が得られる．この $F_{\mu\nu}$ を**電磁テンソル**という．

問 3.2 (3.33) の各成分を確かめよ．

（4）マクスウェル方程式

電磁テンソル (3.33) を用いると (3.3) は

$$\frac{\partial F_{23}}{\partial x^1} + \frac{\partial F_{31}}{\partial x^2} + \frac{\partial F_{12}}{\partial x^3} = 0$$

と書ける．さらに，(3.2) の x 成分は

$$\frac{\partial F_{30}}{\partial x^2} + \frac{\partial F_{02}}{\partial x^3} + \frac{\partial F_{23}}{\partial x^0} = 0$$

となり，他の成分も同様に表される．したがって，これらは

$$\partial_\mu F_{\nu\lambda} + \partial_\nu F_{\lambda\mu} + \partial_\lambda F_{\mu\nu} = 0 \tag{3.34}$$

とまとめられる．

(3.34)は，添字の組み合わせから64本の方程式があるように見えるが，$F_{\mu\nu}$の反対称性のために添字μ, ν, λのうち，どれか2つが等しい場合には左辺は0となる．したがって，添字μ, ν, λがすべて異なる場合だけが意味を持つので，結局，4本の方程式だけが残る．$F_{\mu\nu}$は(3.31)で定義されているので，(3.34)は自動的に満足されている．

次に，$F_{\mu\nu}$の添字を上げて反変電磁テンソルを作る．すなわち

$$F^{\mu\nu} = \eta^{\mu\lambda}\eta^{\nu\sigma} F_{\lambda\sigma} \tag{3.35}$$

である．これに(3.33)を代入すると

$$F^{\mu\nu} = \begin{pmatrix} 0 & \frac{1}{c}E_x & \frac{1}{c}E_y & \frac{1}{c}E_z \\ -\frac{1}{c}E_x & 0 & B_z & -B_y \\ -\frac{1}{c}E_y & -B_z & 0 & B_x \\ -\frac{1}{c}E_z & B_y & -B_x & 0 \end{pmatrix} \tag{3.36}$$

を得る．

(3.36)を用いると(3.1)は

$$\frac{\partial F^{01}}{\partial x^1} + \frac{\partial F^{02}}{\partial x^2} + \frac{\partial F^{03}}{\partial x^3} = \mu_0 J^0$$

となり，(3.4)のx成分は

$$\frac{\partial F^{12}}{\partial x^2} + \frac{\partial F^{13}}{\partial x^3} + \frac{\partial F^{10}}{\partial x^0} = \mu_0 J^1$$

と書ける．y, z成分も同様に表せるので，まとめると

$$\partial_\lambda F^{\nu\lambda} = \mu_0 J^\nu \qquad (3.37)$$

が得られる．

結局，マクスウェル方程式 (3.1) 〜 (3.4) は電磁テンソルを用いると，(3.34) と (3.37) のように簡潔に表すことができる．

(3.10)，(3.11) より (3.37) を直接導くこともできる．すなわち (3.26) を用いると，(3.10) と (3.11) は

$$\eta^{\lambda\sigma}\partial_\lambda\partial_\sigma A^\nu - \eta^{\nu\rho}\partial_\rho\partial_\lambda A^\lambda = -\mu_0 J^\nu$$

とまとめられる．これは

$$\partial_\lambda[\eta^{\lambda\sigma}\eta^{\nu\rho}(\partial_\sigma A_\rho - \partial_\rho A_\sigma)] = -\mu_0 J^\nu$$

と書けるので，(3.31) と (3.35) を用いると

$$\partial_\lambda F^{\lambda\nu} = -\mu_0 J^\nu$$

となり，(3.37) に帰着する．

ここで，(3.37) の両辺に ∂_ν を作用すると

$$\partial_\nu\partial_\lambda F^{\nu\lambda} = \mu_0 \partial_\nu J^\nu \qquad (3.38)$$

となる．左辺の $\partial_\nu\partial_\lambda$ は対称テンソルであり，$F^{\nu\lambda}$ は反対称テンソルである．問 2.2 で示したように，対称テンソルと反対称テンソルを掛けて縮約したものは恒等的に 0 であるから

$$\partial_\nu J^\nu = 0$$

が得られる．これは連続の式 (3.22) そのものである．つまり $F_{\mu\nu}$ の反対称性のために，(3.37) の形に書いたマクスウェルの方程式は電荷の保存則を自動的に満足している．

3.3 ローレンツ変換された電磁場

慣性系 S における電磁ポテンシャルを $A^\mu = (\phi/c, \boldsymbol{A})$ とする．S 系に対して，x 軸方向へ一定の速度 v で運動している S′ 系での電磁ポテンシャル A'^μ は，ローレンツ変換 (1.21) に対応して (2.28) の場合と同じく

$$\left.\begin{aligned}\phi' &= \gamma(\phi - vA_x) \\ A'_x &= \gamma\left(A_x - \frac{\beta\phi}{c}\right) \\ A'_y &= A_y, \quad A'_z = A_z\end{aligned}\right\} \tag{3.39}$$

と書ける.

さらに，テンソルの変換則 (2.44) を用いて電磁テンソル $F^{\mu\nu}$ の各成分を計算する．変換行列は (2.52) で与えられるから，例えば

$$F'^{02} = \alpha^0{}_\lambda \alpha^2{}_\sigma F^{\lambda\sigma} = \alpha^0{}_0 \alpha^2{}_2 F^{02} + \alpha^0{}_1 \alpha^2{}_2 F^{12}$$

となり，(3.36) より

$$E'_y = \gamma E_y - \gamma v B_z$$

と書ける．他の成分も同様に求めることができて

$$\left.\begin{aligned}E'_x &= E_x, \quad B'_x = B_x \\ E'_y &= \gamma(E_y - vB_z), \quad B'_y = \gamma\left(B_y + \frac{v}{c^2}E_z\right) \\ E'_z &= \gamma(E_z + vB_y), \quad B'_z = \gamma\left(B_z - \frac{v}{c^2}E_y\right)\end{aligned}\right\} \tag{3.40}$$

が得られる．

今 S 系では電荷が静止しており，静電場のみが存在するとしよう．すなわち $\boldsymbol{B} = \boldsymbol{0}$ である．これを S′ 系から見れば，電荷が運動することによって電流が流れ，磁場が作られて $\boldsymbol{B}' \neq \boldsymbol{0}$ となる．同じように，S 系で静磁場のみが存在するとき $\boldsymbol{E} = \boldsymbol{0}$ であるが，S′ 系では電磁誘導によって電場が生じ $\boldsymbol{E}' \neq \boldsymbol{0}$ となる．このように，電場・磁場も座標系の運動に依存した量となるのである．

一般的なローレンツ変換 (2.3) に対して，(3.39) を拡張すると

$$\left.\begin{aligned}\phi' &= \gamma(\phi - \boldsymbol{v}\cdot\boldsymbol{A}) \\ \boldsymbol{A}' &= \boldsymbol{A} + \boldsymbol{v}\left(\frac{\gamma-1}{v^2}\boldsymbol{v}\cdot\boldsymbol{A} - \gamma\frac{\phi}{c^2}\right)\end{aligned}\right\} \tag{3.41}$$

である．また (3.40) では x 成分が $\boldsymbol{v}$ に平行な成分であるので，電場は
$$E'_{/\!/} = E_{/\!/},$$
$$E'_\perp = \gamma(E + v \times B)_\perp$$
と書けて
$$E' = E_{/\!/} + \gamma E_\perp + \gamma(v \times B)_\perp$$
$$= \gamma(E_{/\!/} + E_\perp) + (1 - \gamma) E_{/\!/} + \gamma(v \times B)_\perp$$
となる．さらに右辺第 2 項に
$$E_{/\!/} = \frac{v}{v} \frac{v \cdot E}{v}$$
を使えば
$$E' = \gamma E + (1 - \gamma) \frac{v}{v^2}(v \cdot E) + \gamma(v \times B) \tag{3.42}$$
が得られる．磁場も同様にして
$$B' = \gamma B + (1 - \gamma) \frac{v}{v^2}(v \cdot B) - \gamma \frac{v \times E}{c^2} \tag{3.43}$$
と表せる．逆変換は $\boldsymbol{v}$ を $-\boldsymbol{v}$ でおきかえれば得られる．

$v \ll c$ の場合，v/c の 1 次の近似で (3.42), (3.43) は
$$E' = E + v \times B$$
$$B' = B - \frac{v \times E}{c^2}$$
と書ける．これは電磁気学で知られている関係である．

電荷 q の点電荷が一定の速度で運動しているとき，点電荷の作る電磁場を求めよう．点電荷と共に動く座標系を S′ 系とすると，点電荷の速度は S′ 系の速度 v と等しくなる．点電荷を S′ 系の原点に置くと，S′ 系では静電場のみが存在し
$$\phi' = \frac{1}{4\pi\varepsilon_0} \frac{q}{r'}, \qquad A' = 0 \tag{3.44}$$

$$E' = \frac{1}{4\pi\varepsilon_0} \frac{q}{r'^2} \frac{\bm{r'}}{r'}, \qquad \bm{B'} = \bm{0} \tag{3.45}$$

と書ける．(3.41) の逆変換を用いると，S系の電磁ポテンシャルは

$$\phi = \gamma\phi' = \frac{1}{4\pi\varepsilon_0} \gamma \frac{q}{r'} \tag{3.46}$$

$$\bm{A} = \gamma\bm{v}\frac{\phi'}{c^2} = \frac{\mu_0}{4\pi} \gamma \frac{q\bm{v}}{r'} \tag{3.47}$$

となる．ただし，r' については (2.3) で示したように

$$\bm{r'} = \bm{r} + \bm{v}\left(\frac{\gamma-1}{v^2}\bm{v}\cdot\bm{r} - \gamma t\right) \tag{3.48}$$

であるから，これを2乗して

$$r'^2 = r^2 - c^2 t^2 + \gamma^2 \left(\frac{\bm{v}\cdot\bm{r}}{c} - ct\right)^2 \tag{3.49}$$

を得る．

　点電荷が静止している場合，等電位面は球面であるが，運動している場合には (3.46) より ϕ が一定となる面は r' が一定であり，運動方向に収縮した回転楕円面となる．電荷が x 方向に運動している場合の等電位面を図3.1に示す．

　S系の電磁場は (3.42), (3.43) の逆変換に $\bm{B'} = \bm{0}$ を代入すると

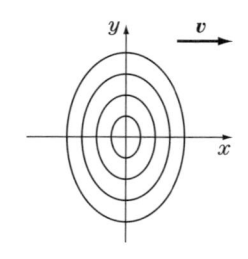

図 3.1 等電位面

$$\bm{E} = \gamma\bm{E'} + (1-\gamma)\frac{\bm{v}}{v^2}(\bm{v}\cdot\bm{E'}) \tag{3.50}$$

$$\bm{B} = \gamma\frac{\bm{v}\times\bm{E'}}{c^2} \tag{3.51}$$

となる．ここで，(3.45) と (3.48) を用いると

3.3 ローレンツ変換された電磁場　79

$$\boldsymbol{v}\cdot\boldsymbol{E}' = \frac{1}{4\pi\varepsilon_0}\frac{q}{r'^2}\frac{\boldsymbol{v}\cdot\boldsymbol{r}'}{r'}$$

$$= \frac{1}{4\pi\varepsilon_0}\frac{q}{r'^2}\frac{\gamma(\boldsymbol{v}\cdot\boldsymbol{r}-v^2t)}{r'}$$

となるから，これと (3.45), (3.48) を (3.50) に代入すると電場は

$$\boldsymbol{E} = \frac{1}{4\pi\varepsilon_0}\frac{q}{r'^3}\gamma(\boldsymbol{r}-\boldsymbol{v}t) \tag{3.52}$$

と書ける．

一方，磁束密度 (3.51) は

$$\boldsymbol{B} = \frac{1}{4\pi\varepsilon_0 c^2}\gamma\frac{q}{r'^3}\boldsymbol{v}\times\boldsymbol{r}'$$

$$= \frac{1}{4\pi\varepsilon_0 c^2}\gamma\frac{q}{r'^3}\boldsymbol{v}\times\boldsymbol{r}$$

$$= \frac{1}{4\pi\varepsilon_0 c^2}\gamma\frac{q}{r'^3}\boldsymbol{v}\times(\boldsymbol{r}-\boldsymbol{v}t)$$

$$= \frac{\boldsymbol{v}\times\boldsymbol{E}}{c^2} \tag{3.53}$$

と表せる．

例：無限に長い直線状に分布した電荷の作る電磁場

x 軸に沿って $-\infty$ から $+\infty$ まで電荷が線密度 λ(C/m) で一様に分布しているとき，x 軸から距離 R の点 P での電磁場を求めよう．

（ｉ）電荷が静止している場合

図 3.2 に示すように，原点 O から $+x$ の位置にある微小部分 dx の電荷が点 P に作る電場の大きさは

$$dE = \frac{1}{4\pi\varepsilon_0}\frac{\lambda\,dx}{r^2}$$

である．これを x 軸に沿って $-\infty$ から $+\infty$ まで積分すると，x 軸に平行な成

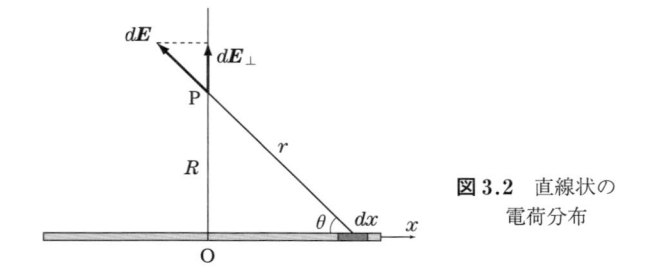

図3.2 直線状の電荷分布

分は，点 O から $-x$ の位置にある微小部分 dx の電荷からの寄与と互いに打ち消し，$E_{\parallel} = 0$ となり，垂直成分は

$$E_{\perp} = \int dE \sin\theta$$

となる．$x = R\cot\theta$，$r = R/\sin\theta$ であるから

$$E = \frac{1}{4\pi\varepsilon_0} \frac{\lambda}{R} \int_0^\pi (-\sin\theta)\, d\theta$$
$$= \frac{1}{2\pi\varepsilon_0} \frac{\lambda}{R}$$

が得られる．

結局，x 軸に垂直な単位ベクトルを $\boldsymbol{e}_\perp$ とすると

$$\boldsymbol{E} = \frac{1}{2\pi\varepsilon_0} \frac{\lambda}{R} \boldsymbol{e}_\perp, \qquad \boldsymbol{B} = 0$$

である．

（ⅱ）電荷が x 方向に一定の速度 $\boldsymbol{v}$ で運動している場合

電荷と共に動く座標系を S′ とする．微小部分 dx の電荷が作る S 系での電場は定常であるから，(3.52) で $t = 0$ とおいて

$$d\boldsymbol{E} = \frac{1}{4\pi\varepsilon_0} \frac{\lambda\, dx}{r'^3} \gamma \boldsymbol{r}$$

と書ける．ただし，$r^2 = R^2 + x^2$，および (3.49) より $r'^2 = r^2 + \gamma^2\beta^2 x^2 = R^2 + \gamma^2 x^2$ である．(ⅰ) の場合と同じように，x 軸に沿って $-\infty$ から $+\infty$ まで積分

すると，電場の x 軸に平行な成分は $-r$ の位置にある電荷からの寄与と打ち消し合って $E_\parallel = 0$ となる．垂直成分は

$$E_\perp = \frac{1}{4\pi\varepsilon_0}\gamma\lambda \int_{-\infty}^{\infty} \frac{R\,dx}{(R^2+\gamma^2 x^2)^{3/2}} = \frac{1}{2\pi\varepsilon_0}\frac{\lambda}{R}$$

となり

$$\boldsymbol{E} = \frac{1}{2\pi\varepsilon_0}\frac{\lambda}{R}\boldsymbol{e}_\perp$$

が得られる．電場は電荷が静止している場合と同じであり，x 軸に垂直な方向に放射状となる．

微小部分 dx の電荷が微小電場 $d\boldsymbol{E}$ を作るとき，磁束密度は (3.53) より

$$d\boldsymbol{B} = \frac{\boldsymbol{v}\times d\boldsymbol{E}}{c^2}$$

である．すべての要素にわたって速度 $\boldsymbol{v}$ は一定であるから，x 軸に沿って積分すると

$$\boldsymbol{B} = \frac{1}{c^2}\boldsymbol{v}\times\int d\boldsymbol{E} = \frac{1}{c^2}\boldsymbol{v}\times\boldsymbol{E}$$

となる．磁場は $\boldsymbol{v}$ と $\boldsymbol{E}$ に垂直であるから，x 軸の周りに同心円状となる．この結果は，電荷の運動に伴う定常電流 $I = \lambda v$ によって $B = \mu_0 I/(2\pi R)$ の磁場が作られたとするアンペールの法則と一致する．

3.4 ローレンツ力

荷電粒子が速度 $\boldsymbol{v}$ で運動しているとき，電磁場から受ける力はローレンツ力

$$\boldsymbol{F} = q(\boldsymbol{E} + \boldsymbol{v}\times\boldsymbol{B}) \tag{3.54}$$

である．この力を電荷が静止している系からのローレンツ変換を用いて導い

てみよう.

S系において速度 u で運動している場合,力 F に関する4元力は (2.94) より

$$F^\mu = \left(\frac{F \cdot u}{c\sqrt{1-u^2/c^2}}, \frac{F}{\sqrt{1-u^2/c^2}}\right) \quad (3.55)$$

であり,一般的なローレンツ変換 (2.3) の逆変換に対応させて

$$\frac{F}{\sqrt{1-u^2/c^2}} = \frac{F'}{\sqrt{1-u'^2/c^2}}$$
$$+ v\left(\frac{\gamma-1}{v^2}\frac{F'\cdot v}{\sqrt{1-u'^2/c^2}} + \gamma\frac{F'\cdot u'}{c^2\sqrt{1-u'^2/c^2}}\right) \quad (3.56)$$

と書ける.電荷と共に運動する座標系を S′ とすると,その系で電荷は静止しているから

$$u' = 0, \quad u = v$$
$$F' = qE'$$

である.これを (3.56) に代入すると

$$\gamma F = F' + v\frac{\gamma-1}{v^2}(F'\cdot v)$$
$$= qE' + qv\frac{\gamma-1}{v^2}(E'\cdot v) \quad (3.57)$$

となる.

ここで,(3.42) の両辺に v を掛けると

$$E'\cdot v = E \cdot v$$

であるから,これと (3.42) を (3.57) に代入すると,結局

$$F = q(E + v \times B)$$

が得られる.

例：荷電粒子の加速度

静止質量 m_0, 電荷 q の粒子がローレンツ力 (3.54) を受けているときの加速度を求めよう.

運動方程式は

$$\frac{d\bm{p}}{dt} = q(\bm{E} + \bm{v} \times \bm{B})$$

である.一方, $\bm{p} = m\bm{v}$ を t で微分すると

$$\frac{d\bm{p}}{dt} = \frac{dm}{dt}\bm{v} + m\frac{d\bm{v}}{dt}$$

であり,右辺第 1 項は (2.18) より

$$\frac{dm}{dt} = \frac{1}{c^2}\frac{dW}{dt} = \frac{1}{c^2}\bm{F}\cdot\bm{v} = \frac{q}{c^2}\bm{E}\cdot\bm{v}$$

であるから

$$\frac{d\bm{v}}{dt} = \frac{q}{m_0}\sqrt{1-\frac{v^2}{c^2}}\left[\bm{E} + \bm{v}\times\bm{B} - \frac{\bm{v}}{c^2}(\bm{v}\cdot\bm{E})\right]$$

が得られる.

例：一様で静的な電場での運動

静止質量 m_0, 電荷 q の粒子が一様で静的な電場 $\bm{E}$ のなかを運動している.電場の方向を x 軸に取り, xy 面内での運動を考える.運動方程式 (2.92) は

$$\frac{dp_x}{dt} = qE, \qquad \frac{dp_y}{dt} = 0$$

である.初期条件を $t=0$ で $p_x = 0$, $p_y = p_0$, $x = y = 0$ とすると

$$p_x = qEt, \qquad p_y = p_0$$

となる.粒子のエネルギーは (2.81) から

$$\mathcal{E} = \sqrt{p^2 c^2 + m_0^2 c^4} = \sqrt{(cqEt)^2 + \mathcal{E}_0^2}$$

84   3. 相対論的電磁気学

と書ける. ただし, $\mathcal{E}_0 = \sqrt{p_0^2 c^2 + m_0^2 c^4}$ とおいた.

粒子の速度は $\boldsymbol{u} = \boldsymbol{p}/m = \boldsymbol{p}c^2/\mathcal{E}$ であるから, x 成分は

$$\frac{dx}{dt} = \frac{c^2 qEt}{\sqrt{(cqEt)^2 + \mathcal{E}_0^2}}$$

となり, 積分すると

$$x = \frac{1}{qE}\sqrt{(cqEt)^2 + \mathcal{E}_0^2}$$

が得られる. y 成分は

$$\frac{dy}{dt} = \frac{p_0 c^2}{\sqrt{(cqEt)^2 + \mathcal{E}_0^2}}$$

であるから, 積分して

$$y = \frac{p_0 c}{qE} \sinh^{-1}\left(\frac{cqEt}{\mathcal{E}_0}\right)$$

を得る. t を消去すると, 質点の軌跡は

$$x = \frac{\mathcal{E}_0}{qE} \cosh\left(\frac{qEy}{p_0 c}\right)$$

と表せる.

粒子の速度が遅く, $u \ll c$ の場合は $p_0 = m_0 u_0$, $\mathcal{E}_0 = m_0 c^2$ であるから, 高次の項を無視すると, 軌跡は

$$x \simeq \frac{m_0 c^2}{qE} + \frac{1}{2}\frac{qE}{m_0 u_0^2} y^2$$

となり, 放物線に帰着する.

問 3.3 静止質量 m_0, 電荷 q の粒子が一様で静的な磁場 $\boldsymbol{B}$ に垂直な平面内を運動しているとき, 円運動の角速度が $qB\sqrt{1-\beta^2}/m_0$ となることを示せ. ただし, 放射によるエネルギー損失は無視する.

3.5 エネルギー運動量テンソル

マクスウェル方程式 (3.37) の添字を入れかえ，$F_{\lambda\nu}$ を掛けると

$$\mu_0 J^\lambda F_{\lambda\nu} = F_{\lambda\nu} \partial_\mu F^{\lambda\mu}$$

となる．さらに

$$\partial_\mu(F^{\lambda\mu} F_{\lambda\nu}) = F_{\lambda\nu} \partial_\mu F^{\lambda\mu} + F^{\lambda\mu} \partial_\mu F_{\lambda\nu}$$

を用いると

$$\mu_0 J^\lambda F_{\lambda\nu} = \partial_\mu(F^{\lambda\mu} F_{\lambda\nu}) - F^{\lambda\mu} \partial_\mu F_{\lambda\nu} \tag{3.58}$$

が得られる．右辺の第 2 項は添字 μ と λ を交換したのち，$F_{\mu\nu}$ の反対称性を使うと

$$F^{\lambda\mu} \partial_\mu F_{\lambda\nu} = F^{\mu\lambda} \partial_\lambda F_{\mu\nu}$$
$$= F^{\lambda\mu} \partial_\lambda F_{\nu\mu}$$

となるので

$$F^{\lambda\mu} \partial_\mu F_{\lambda\nu} = \frac{1}{2} F^{\lambda\mu}(\partial_\mu F_{\lambda\nu} + \partial_\lambda F_{\nu\mu})$$

と書ける．さらに，(3.34) を用いると

$$F^{\lambda\mu}(\partial_\mu F_{\lambda\nu} + \partial_\lambda F_{\nu\mu}) = -F^{\lambda\mu} \partial_\nu F_{\mu\lambda}$$
$$= -\frac{1}{2} \partial_\nu(F^{\lambda\mu} F_{\mu\lambda})$$
$$= \frac{1}{2} \partial_\nu(F^{\lambda\sigma} F_{\lambda\sigma})$$

と書きかえられる．

したがって，(3.58) は

$$\mu_0 J^\lambda F_{\lambda\nu} = \partial_\mu(F^{\mu\lambda} F_{\nu\lambda}) - \frac{1}{4} \partial_\nu(F^{\lambda\sigma} F_{\lambda\sigma})$$
$$= \partial_\mu\left(F^{\mu\lambda} F_{\nu\lambda} - \frac{1}{4} \delta^\mu_{\ \nu} F^{\lambda\sigma} F_{\lambda\sigma}\right) \tag{3.59}$$

となる．ここで
$$T^\mu{}_\nu = \frac{1}{\mu_0}\left(F^{\mu\lambda}F_{\nu\lambda} - \frac{1}{4}\delta^\mu{}_\nu F^{\lambda\sigma}F_{\lambda\sigma}\right) \tag{3.60}$$
とおくと，(3.59) は
$$\partial_\mu T^\mu{}_\nu = J^\mu F_{\mu\nu} \tag{3.61}$$
と書ける．

(3.60) の添字を上げると
$$T^{\mu\nu} = \eta^{\nu\rho} T^\mu{}_\rho$$
$$= \frac{1}{\mu_0}\left(\eta^{\nu\rho}F^{\mu\lambda}F_{\rho\lambda} - \frac{1}{4}\eta^{\nu\rho}\delta^\mu{}_\rho F^{\lambda\sigma}F_{\lambda\sigma}\right)$$
$$= \frac{1}{\mu_0}\left(\eta_{\lambda\sigma}F^{\mu\lambda}F^{\nu\sigma} - \frac{1}{4}\eta^{\mu\nu}F^{\lambda\sigma}F_{\lambda\sigma}\right)$$

となり，対称テンソルであることがわかる．

なお，対角要素の和については
$$T^\mu{}_\mu = 0 \tag{3.62}$$
が成り立つ．

問 3.4 対角和 $T^\mu{}_\mu = 0$ となることを確かめよ．

(3.33) と (3.36) を用いて $T^{\mu\nu}$ の各成分を求めよう．まず，スカラー $F^{\lambda\sigma}F_{\lambda\sigma}$ の部分は
$$F^{\lambda\sigma}F_{\lambda\sigma} = 2(F^{01}F_{01} + F^{02}F_{02} + F^{03}F_{03} + F^{12}F_{12} + F^{23}F_{23} + F^{31}F_{31})$$
$$= 2\left(B^2 - \frac{1}{c^2}E^2\right) \tag{3.63}$$

となる．さらに各成分を計算する．

例えば

$$T^{00} = \frac{1}{\mu_0}\left(\eta_{\lambda\sigma}F^{0\lambda}F^{0\sigma} - \frac{1}{4}\eta^{00}F^{\lambda\sigma}F_{\lambda\sigma}\right)$$

$$= \frac{1}{\mu_0}\left(F^{01}F^{01} + F^{02}F^{02} + F^{03}F^{03} + \frac{1}{4}F^{\lambda\sigma}F_{\lambda\sigma}\right)$$

$$= \frac{1}{2\mu_0}\left(\frac{1}{c^2}E^2 + B^2\right)$$

$$= \frac{1}{2}(\varepsilon_0 E^2 + \mu_0 H^2)$$

である．ここで，電磁場のエネルギー密度 w を

$$w = \frac{1}{2}(\varepsilon_0 E^2 + \mu_0 H^2) \tag{3.64}$$

とおくと

$$T^{00} = w$$

と書ける．

他の成分も同様に計算すると，以下の結果が得られる．

$$T^{01} = T^{10} = \frac{1}{c}(\boldsymbol{E}\times\boldsymbol{H})_x = \frac{1}{c}S_x$$

$$T^{02} = T^{20} = \frac{1}{c}(\boldsymbol{E}\times\boldsymbol{H})_y = \frac{1}{c}S_y$$

$$T^{03} = T^{30} = \frac{1}{c}(\boldsymbol{E}\times\boldsymbol{H})_z = \frac{1}{c}S_z$$

$$T^{11} = -\left[\varepsilon_0 E_x^2 + \mu_0 H_x^2 - \frac{1}{2}(\varepsilon_0 E^2 + \mu_0 H^2)\right] = -\mathcal{T}_{xx}$$

$$T^{12} = -(\varepsilon_0 E_x E_y + \mu_0 H_x H_y) = -\mathcal{T}_{xy}$$

$$T^{13} = -(\varepsilon_0 E_x E_z + \mu_0 H_x H_z) = -\mathcal{T}_{xz}$$

ただし，$\boldsymbol{S}$ はポインティングベクトル

$$\boldsymbol{S} = \boldsymbol{E}\times\boldsymbol{H} \tag{3.65}$$

であり，$\mathcal{T}_{ij}$ はマクスウェルの応力テンソル

$$\mathcal{T}_{ij} = \varepsilon_0 E_i E_j + \mu_0 H_i H_j - \delta_{ij}w \tag{3.66}$$

である．

3. 相対論的電磁気学

問 3.5 $T^{\mu\nu}$ の各成分を確かめよ.

ここで
$$\bm{g} = \frac{\bm{S}}{c^2} \tag{3.67}$$
という量を導入する. ポインティングベクトルはエネルギー密度の流れであるから, $\bm{g}$ は質量密度の流れ, すなわち運動量密度である. $T^{\mu\nu}$ は対称テンソルであるが, わざわざ
$$T^{01} = cg_x$$
と書こう. このとき
$$T^{\mu\nu} = \begin{pmatrix} w & cg_x & cg_y & cg_z \\ \dfrac{1}{c}S_x & -\mathcal{T}_{xx} & -\mathcal{T}_{xy} & -\mathcal{T}_{xz} \\ \dfrac{1}{c}S_y & -\mathcal{T}_{yx} & -\mathcal{T}_{yy} & -\mathcal{T}_{yz} \\ \dfrac{1}{c}S_z & -\mathcal{T}_{zx} & -\mathcal{T}_{zy} & -\mathcal{T}_{zz} \end{pmatrix} \tag{3.68}$$
と表せる. これを電磁場の**エネルギー運動量テンソル**という.

> **例：ローレンツ変換されたエネルギー運動量テンソル**
>
> ローレンツ変換 (1.21) に対してエネルギー運動量テンソル (3.68) の各成分の変換式を求める. テンソルの変換則 (2.44) を用いると, 例えば
> $$T'^{00} = \alpha^0{}_\lambda \alpha^0{}_\sigma T^{\lambda\sigma}$$
> $$= \alpha^0{}_0 (\alpha^0{}_0 T^{00} + \alpha^0{}_1 T^{01}) + \alpha^0{}_1 (\alpha^0{}_0 T^{10} + \alpha^0{}_1 T^{11})$$
> であるから
> $$w = \gamma \left(\gamma w - \beta\gamma \frac{1}{c} S_x \right) - \beta\gamma \left(\gamma \frac{1}{c} S_x + \beta\gamma \mathcal{T}_{xx} \right)$$

$$= \gamma^2\left(w - 2\beta\frac{1}{c}S_x - \beta^2 \mathcal{T}_{xx}\right)$$

が得られる．他の成分も同様に計算すると

$$S'_x = \gamma^2[(1+\beta^2)S_x - vw + v\mathcal{T}_{xx}]$$

$$S'_y = \gamma(S_y + v\mathcal{T}_{xy})$$

$$S'_z = \gamma(S_z + v\mathcal{T}_{xz})$$

$$\mathcal{T}'_{xx} = \gamma^2\left(\mathcal{T}_{xx} + 2\beta\frac{1}{c}S_x - \beta^2 w\right)$$

$$\mathcal{T}'_{xy} = \gamma\left(\mathcal{T}_{xy} + \beta\frac{1}{c}S_y\right)$$

$$\mathcal{T}'_{xz} = \gamma\left(\mathcal{T}_{xz} + \beta\frac{1}{c}S_z\right)$$

$$\mathcal{T}'_{yy} = \mathcal{T}_{yy}$$

$$\mathcal{T}'_{yz} = \mathcal{T}_{yz}$$

となる．

(3.68) を用いると (3.61) は

$$\frac{\partial w}{\partial t} + \text{div}\, \boldsymbol{S} = -\boldsymbol{E}\cdot\boldsymbol{j}$$

$$\frac{\partial \boldsymbol{g}}{\partial t} - \text{div}\, \mathcal{T} = -(\rho\boldsymbol{E} + \boldsymbol{j}\times\boldsymbol{B})$$

と書ける．ある時刻 t において 3 次元空間の領域内でこれを積分すると

$$-\frac{\partial}{\partial t}\int w\, dV = \int \boldsymbol{S}\cdot\boldsymbol{n}\, d\sigma + \int \boldsymbol{E}\cdot\boldsymbol{j}\, dV \qquad (3.69)$$

$$\frac{\partial}{\partial t}\int \boldsymbol{g}\, dV = \int \mathcal{T}\cdot\boldsymbol{n}\, d\sigma - \int (\rho\boldsymbol{E} + \boldsymbol{j}\times\boldsymbol{B})\, dV \qquad (3.70)$$

が得られる．(3.69) の右辺第 1 項は領域の表面から単位時間に出ていくエネ

ルギーであり，第 2 項は電場が電荷に与える仕事率である．したがって，右辺は電磁場のエネルギーの減少率を意味する．(3.70) の右辺第 1 項は電磁場が与える電磁気的張力であり，第 2 項はローレンツ力の反作用，つまり，電磁場が電荷から受ける力である．したがって，右辺は電磁場の運動量の増加率であることがわかる．

3.6 エネルギー運動量の保存則

3.2 節で電荷保存を導いたのと同様に，ミンコフスキー空間にわたってエネルギー運動量テンソルを積分しよう．すなわち

$$\int \partial_\nu T^{\nu\mu} \, d^4x = c \int \partial_0 T^{0\mu} \, dt \, dV + c \int \partial_i T^{i\mu} \, dt \, dV \tag{3.71}$$

である．右辺第 1 項を時刻 t_1 から t_2 まで積分すると

$$\int T^{0\mu} \, dV \bigg|_{t=t_2} - \int T^{0\mu} \, dV \bigg|_{t=t_1} \tag{3.72}$$

となり，(3.71) の右辺第 2 項にガウスの積分定理を使うと

$$c \int T^{i\mu} n_i \, d\sigma \, dt$$

と書ける．ただし，n_i は外向き法線ベクトルである．この面積分は無限遠方で 0 とできる．

したがって

$$\partial_\nu T^{\nu\mu} = 0 \tag{3.73}$$

が成り立つ場合には

$$\int T^{0\mu} \, dV = 一定 \tag{3.74}$$

と表せる．すなわち，$\mu = 0$ に対してエネルギー保存則

$$\int w \, dV = \text{一定} \tag{3.75}$$

および $\mu = 1, 2, 3$ に対して運動量保存則

$$\int \boldsymbol{g} \, dV = \text{一定} \tag{3.76}$$

が得られる．

3.7 電磁場のラグランジュ関数

電磁場を特徴づけるスカラーは (3.63) の $F^{\lambda\sigma}F_{\lambda\sigma}$ であり，電荷密度と電流密度が与えられているときのスカラーは $A_\lambda J^\lambda$ である．これらはエネルギー密度と同じ次元を持つ量であることに注意して，作用積分 (2.100) を

$$S = \int L \, dt = \frac{1}{c} \int \mathscr{L} \, d^4x \tag{3.77}$$

と書こう．ただし，$\mathscr{L}$ はラグランジュ関数密度である．

電磁場に関しては

$$\mathscr{L} = \frac{1}{4\mu_0} F^{\lambda\sigma}F_{\lambda\sigma} + A_\lambda J^\lambda \tag{3.78}$$

と表せる．実際，この $\mathscr{L}$ を用いてラグランジュ方程式を計算すると，マクスウェル方程式，あるいは波動方程式が得られる．つまり

$$F^{\lambda\sigma}F_{\lambda\sigma} = \eta^{\lambda\alpha}\eta^{\sigma\beta}(\partial_\alpha A_\beta - \partial_\beta A_\alpha)(\partial_\lambda A_\sigma - \partial_\sigma A_\lambda)$$

と書けるから，これを $\partial_\nu A_\rho$ で微分する．

$$\frac{\partial(\partial_\alpha A_\beta)}{\partial(\partial_\nu A_\rho)} = \delta^\nu{}_\alpha \delta^\rho{}_\beta$$

であることを用いると

3. 相対論的電磁気学

$$\frac{\partial \mathcal{L}}{\partial(\partial_\nu A_\rho)} = \frac{1}{4\mu_0}\eta^{\lambda\alpha}\eta^{\sigma\beta}\delta^\nu{}_\alpha\delta^\rho{}_\beta(\partial_\lambda A_\sigma - \partial_\sigma A_\lambda)$$

$$-\frac{1}{4\mu_0}\eta^{\lambda\alpha}\eta^{\sigma\beta}\delta^\nu{}_\beta\delta^\rho{}_\alpha(\partial_\lambda A_\sigma - \partial_\sigma A_\lambda)$$

$$+\frac{1}{4\mu_0}\eta^{\lambda\alpha}\eta^{\sigma\beta}\delta^\nu{}_\lambda\delta^\rho{}_\sigma(\partial_\alpha A_\beta - \partial_\beta A_\alpha)$$

$$-\frac{1}{4\mu_0}\eta^{\lambda\alpha}\eta^{\sigma\beta}\delta^\nu{}_\sigma\delta^\rho{}_\lambda(\partial_\alpha A_\beta - \partial_\beta A_\alpha)$$

$$= \frac{1}{4\mu_0}(\eta^{\lambda\nu}\eta^{\sigma\rho}F_{\lambda\sigma} - \eta^{\lambda\rho}\eta^{\sigma\nu}F_{\lambda\sigma}$$

$$+ \eta^{\nu\alpha}\eta^{\rho\beta}F_{\alpha\beta} - \eta^{\rho\alpha}\eta^{\nu\beta}F_{\alpha\beta})$$

$$= \frac{1}{2\mu_0}(F^{\nu\rho} - F^{\rho\nu})$$

$$= \frac{1}{\mu_0}F^{\nu\rho} \tag{3.79}$$

が得られる．一方

$$\frac{\partial \mathcal{L}}{\partial A_\nu} = J^\nu \tag{3.80}$$

であるから，ラグランジュ方程式

$$\partial_\rho\left(\frac{\partial \mathcal{L}}{\partial(\partial_\nu A_\rho)}\right) - \frac{\partial \mathcal{L}}{\partial A_\nu} = 0 \tag{3.81}$$

は

$$\frac{1}{\mu_0}\partial_\rho F^{\nu\rho} - J^\nu = 0 \tag{3.82}$$

と書ける．これはマクスウェル方程式 (3.37) である．

さらに，(3.31) を使うと (3.82) は

$$\frac{1}{\mu_0}\eta^{\nu\lambda}\eta^{\rho\sigma}\partial_\rho(\partial_\lambda A_\sigma - \partial_\sigma A_\lambda) = J^\nu \tag{3.83}$$

となる．ローレンスの条件 (3.28) は

$$\eta^{\rho\sigma}\partial_\rho A_\sigma = 0$$

であるから，(3.83) より

$$\Box A^\nu = -\mu_0 J^\nu \tag{3.84}$$

を得る．これは波動方程式 (3.27) である．

例：遅延ポテンシャル

点 P の空間座標を $\boldsymbol{r}^*$ とする．4元電流密度 J^ν が点 P に作る電磁場のポテンシャルは

$$A^\nu(t, \boldsymbol{r}^*) = \frac{\mu_0}{4\pi} \int \frac{J^\nu(t - R/c, \boldsymbol{r})}{R} dV \tag{3.85}$$

と書ける．ただし，$R = |\boldsymbol{r} - \boldsymbol{r}^*|$ は点 P から微小電荷 $J^\nu dV$ までの距離である．この積分は $t = $ 一定 の空間ではなく，過去の光円錐上の空間で実行されるものである．これを遅延ポテンシャルという．

第 3 章のまとめ

- スカラーポテンシャル ϕ とベクトルポテンシャル A より4元電磁ポテンシャル $A^\mu = (\phi/c, A)$ と電磁テンソル $F_{\mu\nu}$ を導入した．[3.1 節]
- 電磁テンソル $F_{\mu\nu}$ を用いてマクスウェル方程式を簡潔な形で表した．[3.2 節]
- テンソルの変換則を使って，ローレンツ変換された電磁場の表式を導いた．[3.3 節]
- 電磁場のエネルギー運動量テンソル $T_{\mu\nu}$ を導入した．[3.5 節]
- 4元電流密度を J^μ として，連続の式 $\partial_\mu J^\mu = 0$ が電荷保存則を表していることと同様に，$\partial_\nu T^{\mu\nu} = 0$ は電磁場のエネルギーと運動量の保存則を表していることを示した．[3.6 節]
- 電磁場における荷電粒子のラグランジュ関数を導いた．[3.7 節]

●ローレンスの条件 $\partial_\mu A^\mu = 0$ の下で波動方程式 $\Box A^\nu = -\mu_0 J^\nu$ を得た.
[3.7節]

······ アインシュタイン小伝 (3) ······

　1908年にベルン大学私講師を兼任し, 最初の講義「輻射の理論」を行った. 聴講した学生はわずか4人であった. 私講師とは, その大学で教える権利を有する者のことであり, 給料はコースの出席者からのわずかな授業料だけであった. ベルン大学でロマンス語学についての学位論文に取り組んでいた妹マヤがときどき講義を聴きに来た. 12月にマヤはPhDを取得した.

　ETHからゲッチンゲン大学に移っていたミンコフスキーは1908年に『空間および時間』という講演を行った. そのなかで4次元連続体として時間・空間を捉え, "光円錐"や"世界線"という用語を使うと共に, 方程式をテンソル形式で表記することを提示した. これは後に, 特殊相対論を一般相対論に拡張する際, 大いに貢献することとなった.

　1909年7月, アインシュタインはマリー・キュリーたちと共にジュネーヴ大学から創立350年の祭典において名誉博士号を授与された. 以後, 数多くの大学から名誉博士号を贈られた. 1909年10月にスイス特許局に辞表を提出し, 10月15日にチューリッヒ大学理論物理学定員外教授に着任した. 12月11日の就任講演で『新しい物理学における原子理論の役割』について話した. 大学の授業では, 項目のみを記した名刺大の紙片を用いて即興的に講義を進めた. 1909年に発表した『輻射の問題の現状について』と『輻射の性質と本質に関する見解の発展について』の論文で光量子仮説を展開した. この時期, アインシュタインは量子論に取り組んでいた.

　1910年7月28日, 次男エドゥアルトが誕生した. 1911年1月, プラハ大学 (現カレル大学) への任命が皇帝により承認されたが, それが発令される前に宗教の帰属認定を申し出る必要があった. "無宗教"は認められないのでアインシュタインは"モーゼ教"と書いた. ちなみに, 翌年8月にプラハ大学を去ることになるが, 後任に推薦したパウル・エーレンフェストはこの帰属認定を拒絶したため, 発令されずに終わった.

　1911年2月にライデン大学を訪れ, 尊敬するヘンドリック・ローレンツに会った.

図 3.3 写真の銘板には，以下の文字が刻まれている．"Here in this salon of Mrs. Berta Fanta, Albert Einstein, Professor at Prague University in 1911 to 1912, founder of the theory of relativity, Nobel Prize Winner, played the violin and met his friends, famous writers, Max Brod and Franz Kafka."
(筆者撮影)

3月，プラハ大学教授として赴任した．ここはマッハが研究生活のかなりの部分を過ごしたところでもある．6月に論文『光の伝搬に対する重力の影響』を発表し，太陽のそばを通過する光の屈折角を予言した．しかし，重力場による時計の遅れしか考慮に入れなかったため，後に導いた正しい屈折角の値の半分であった．

プラハではサロンに集まってヴァイオリンを弾いたりフランツ・カフカたちと歓談していたということが旧市街広場に面する建物の銘板に記されている．

1911年10月，ブリュセルで開催された第1回ソルヴェイ会議に招かれた．会議のテーマは『放射の理論と量子』であり，アインシュタインは『比熱の問題の現状』について講演した．その会議ではポアンカレ，ランジュバン，プランク，ラザフォード，ローレンツ，マリー・キュリーなど，そうそうたる物理学者と話し合う機会に恵まれた．

第4章 一般相対論の基礎

第4章の学習目標

一般相対論の基本原理から導かれる重力場の方程式 (アインシュタイン方程式) を理解する.

特殊相対論では慣性系における力学と電磁気学を扱ってきたが, それらが加速度系ではどうなるであろうかということは理論の自然な拡張である. 加速度系で生じる見かけの力は重力と同じであると考える. 重力が物体の種類に関係なく作用するという重力の普遍性を, 曲がった時空の属性に帰着させよう. 一般相対論は重力の相対論であり, その基本方程式はリーマン空間における微分幾何学を用いて定式化される. 重力場の方程式は, 物体の慣性が宇宙における物質分布によって規定されるとするマッハ原理の数学的表現ともいわれる.

4.1 一般相対性原理と等価原理

特殊相対論では1.5節で述べたように, 事象は時空とよばれる4次元連続体内の点で指定され, 運動は世界線とよばれる時空内の連続的な曲線で記述される. 物理法則を記述する方程式の形は用いる座標系に依存するが, さまざまな座標系のなかで最も都合の良いものが慣性系である.

重力が存在しないとき, もし慣性系以外の座標系を選ぶならば, その系が

慣性系に対して加速度運動をしていることに起因する見かけの力が生じることになる．これによって，考えている座標系が慣性系であるかどうかを識別することができる．しかし，重力が存在するときは慣性系を識別することが不可能になる．例えば，落下するりんごを考えてみよう．重力が存在しなければ，りんごは宙に浮いたまま静止しているはずであるが，落下するりんごだけを見て，系の加速度運動によって生じた見かけの力で落下したのか，あるいは重力の作用で落下したのかを区別することはできない．

したがって，重力を問題にする場合には，慣性系と加速度運動をしている座標系との間の座標変換を考えることが必要になる．そこでアインシュタインは一般相対論の基本的な要請として次の2つの原理を設定した．

一般相対性原理

すべての物理法則はどのような座標系を取っても，その数学的表現が同じである．すなわち，一般座標変換に対して共変な形式で表される．

等価原理

自由落下する座標系を設定すれば，一様な重力場を消すことができる．

重力場が一様でないときは，少なくとも重力が一様であると見なせるほど小さい領域を考えれば良いであろうし，重力場が時間変化するときは，重力が一定と見なせるほど短い時間を考えれば良い．とにかく，時空内の任意の点で適当な座標系を設定すれば，その点の近傍でいかなる重力場も完全に消し去ることができるのである．

ここで等価原理に関して説明を付け加えよう．上に述べた等価原理の正当性は地球近傍で確かめられているにすぎず，宇宙のいたる所で成立するかどうかは明確でない．そこで次のことを要請する．

上に述べた等価原理は宇宙における任意の時刻と場所で成立する．これを**強い等価原理**という．これによって宇宙規模の事象を議論することが可能となる．

一方，質量 m_1 と m_2 の質点が距離 r だけ離れているときの万有引力（重力）の大きさは Gm_1m_2/r^2 である．ここで，m_1, m_2 を**重力質量**という．質量 m の質点が力 F の作用を受けるとき生じる加速度は $a = F/m$ である．慣性の大きさを表す m を**慣性質量**という．このとき

　　　　すべての物体において慣性質量と重力質量は等しい

ことを要請する．これを**弱い等価原理**という．したがって，物体が重力の作用のみを受けているときは，その物体の質量は打ち消し合うので，物体の軌道は初期の位置と速度にのみ依存し，物体の質量にはよらないのである．

重力場が存在しないとき，特殊相対論が成り立つことは自明とする．重力場が存在するときは等価原理と一般相対性原理とを併用して，重力を消すような座標系に移行するならば，そこでは特殊相対論が成り立つことになる．このような座標系を**局所ローレンツ系**という．以上のことからわかるように，一般相対論は重力理論であり，弱い重力場において質点がゆっくり運動している極限でニュートン力学に帰着するのである．

4.2　4次元テンソル

4次元連続体である時空内のすべての点に座標 x^μ ($\mu = 0, 1, 2, 3$)[1] が指定されており，座標が x^μ と $x^\mu + dx^\mu$ である隣接した2点間の距離を ds とする．線素は (2.39) を一般化して

$$ds^2 = g_{\mu\nu} \, dx^\mu \, dx^\nu \tag{4.1}$$

---

1) ギリシャ文字の添字 μ, ν, λ などは 0, 1, 2, 3 を取り，ローマ文字の添字 i, j, k などは空間部分の 1, 2, 3 を取るものとする．

で与えられる．ここで，$g_{\mu\nu}$ は x^μ の関数であり，**計量テンソル**といわれる．上下に同じ添字があるときは，その添字について和を取ることを注意しておく．

すべての点で距離が定義された空間を**リーマン空間**という．その空間の特性は $g_{\mu\nu}$ だけによって規定されるので，$g_{\mu\nu}$ はリーマン空間の最も基本的な量である．

局所ローレンツ系での座標を $X^\mu = (cT, X, Y, Z)$ とすると (4.1) は

$$ds^2 = \eta_{\mu\nu} dX^\mu dX^\nu = -c^2 dT^2 + dX^2 + dY^2 + dZ^2 \qquad (4.2)$$

と書ける．ただし，$\eta_{\mu\nu}$ はミンコフスキー空間の計量テンソル (2.40) である．

問 4.1 ミンコフスキー空間における2点間の距離を (1) 円柱座標系，(2) 球座標系でそれぞれ表わせ．

2.5節の議論を拡張して，一般座標変換

$$x^\mu \to x'^\mu = x'^\mu(x) \qquad (4.3)$$

の下での物理量の変換を考えよう．ただし，x'^μ は x の連続関数であり，この変換に対する逆変換 $x^\mu = x^\mu(x')$ も存在するものとする．

座標系 x における任意の点Pでの量を $\phi(x)$ とし，変換された座標系 x' における同じ点Pでの量を $\phi'(x')$ とする．このとき

$$\phi'(x') = \phi(x) \qquad (4.4)$$

が成り立つならば $\phi(x)$ を**スカラー**という．

物理定数や数値は座標系によらないのでスカラーである．さらに，2点間の微小距離 ds もスカラーである．

座標系 x における点Pでの4個の量を $A^\mu(x)$ とし，座標系 x' における同じ点Pでの量を $A'^\mu(x')$ とする．このとき，

$$A'^\mu = \frac{\partial x'^\mu}{\partial x^\nu} A^\nu \qquad (4.5)$$

が成り立つならば，$A^\mu(x)$ を**反変ベクトル**という．

4. 一般相対論の基礎

なお，隣接した2点を結ぶ微小変位 dx^μ は反変ベクトルである．[2] すなわち (4.3) を微分すれば (4.5) と同じ関係式

$$dx'^\mu = \frac{\partial x'^\mu}{\partial x^\nu} dx^\nu$$

が成り立つ．これを逆に解いた

$$dx^\mu = \frac{\partial x^\mu}{\partial x'^\nu} dx'^\nu$$

は以下の演算においてしばしば用いられる．

2.5節では，ローレンツ変換は線形変換であるから，その変換行列は定数であり

$$\frac{\partial x'^\mu}{\partial x^\nu} = \alpha^\mu{}_\nu, \qquad \frac{\partial x^\mu}{\partial x'^\nu} = \tilde{\alpha}_\nu{}^\mu$$

であったことに注意しよう．

座標系 x における量を $B_\mu(x)$ とし，座標系 x' における量を $B'_\mu(x')$ とするとき

$$B'_\mu = \frac{\partial x^\nu}{\partial x'^\mu} B_\nu \qquad (4.6)$$

であるならば，$B_\mu(x)$ を**共変ベクトル**という．[3]

スカラー ϕ の全微分は

$$d\phi = \frac{\partial \phi}{\partial x^\nu} dx^\nu = \frac{\partial \phi}{\partial x^\nu} \frac{\partial x^\nu}{\partial x'^\mu} dx'^\mu$$

$$d\phi' = \frac{\partial \phi'}{\partial x'^\mu} dx'^\mu$$

---

[2] 微小変位 dx^μ は反変ベクトルであるが，(4.3) で与えられる x^μ そのものは，ベクトルの変換則 (4.5) に従わないので，ベクトルではない．
[3] 反変ベクトルと共変ベクトルの違いについては図 2.3(b) を参照のこと．

と書ける．$d\phi = d\phi'$ であるから

$$\frac{\partial \phi'}{\partial x'^{\mu}} = \frac{\partial x^{\nu}}{\partial x'^{\mu}} \frac{\partial \phi}{\partial x^{\nu}}$$

が得られる．したがって，スカラー ϕ の勾配 $\partial \phi / \partial x^{\mu}$ は共変ベクトルである．

2つの反変ベクトル A^{μ} と B^{ν} の積 $A^{\mu}B^{\nu}$ の変換は (4.5) より

$$A'^{\mu}B'^{\nu} = \frac{\partial x'^{\mu}}{\partial x^{\lambda}} \frac{\partial x'^{\nu}}{\partial x^{\rho}} A^{\lambda} B^{\rho}$$

となる．したがって，座標系 x における点Pでの16個の量を $T^{\mu\nu}(x)$ とし，座標系 x' における同じ点Pでの量を $T'^{\mu\nu}(x')$ とするとき

$$T'^{\mu\nu} = \frac{\partial x'^{\mu}}{\partial x^{\lambda}} \frac{\partial x'^{\nu}}{\partial x^{\rho}} T^{\lambda\rho} \tag{4.7}$$

であるならば，$T^{\mu\nu}(x)$ を2階の**反変テンソル**という．

同様にして

$$T'_{\mu\nu} = \frac{\partial x^{\lambda}}{\partial x'^{\mu}} \frac{\partial x^{\rho}}{\partial x'^{\nu}} T_{\lambda\rho} \tag{4.8}$$

と変換される量 $T_{\mu\nu}(x)$ を2階の**共変テンソル**といい

$$T'^{\mu}{}_{\nu} = \frac{\partial x'^{\mu}}{\partial x^{\lambda}} \frac{\partial x^{\rho}}{\partial x'^{\nu}} T^{\lambda}{}_{\rho} \tag{4.9}$$

と変換される量 $T^{\mu}{}_{\nu}(x)$ を2階の**混合テンソル**という．

計量テンソル $g_{\mu\nu}$ は対称な共変テンソルである．すなわち

$$ds^2 = g_{\mu\nu} dx^{\mu} dx^{\nu} = g'_{\mu\nu} dx'^{\mu} dx'^{\nu}$$

より

$$g'_{\mu\nu} = \frac{\partial x^{\lambda}}{\partial x'^{\mu}} \frac{\partial x^{\rho}}{\partial x'^{\nu}} g_{\lambda\rho}$$

が得られる．

(2.36) で与えられるクロネッカーの記号 $\delta^{\mu}{}_{\nu}$ は混合テンソルである．(4.9) から

$$\delta'^{\mu}{}_{\nu} = \frac{\partial x'^{\mu}}{\partial x^{\lambda}}\frac{\partial x^{\rho}}{\partial x'^{\nu}}\delta^{\lambda}{}_{\rho} = \frac{\partial x'^{\mu}}{\partial x^{\lambda}}\frac{\partial x^{\lambda}}{\partial x'^{\nu}} = \delta^{\mu}{}_{\nu}$$

となり，$\delta^{\mu}{}_{\nu}$ はすべての座標変換に対してその値が不変となる唯一の 2 階のテンソルである．

計量テンソルを 4×4 の行列と見なすとき，その逆行列，すなわち

$$g^{\mu\lambda}g_{\lambda\nu} = \delta^{\mu}{}_{\nu} \tag{4.10}$$

で定義される $g^{\mu\nu}$ は 2 階の反変テンソルである．つまり

$$g^{\lambda\rho}\frac{\partial x'^{\mu}}{\partial x^{\lambda}}\frac{\partial x'^{\nu}}{\partial x^{\rho}}g'_{\nu\sigma} = g^{\lambda\rho}\frac{\partial x'^{\mu}}{\partial x^{\lambda}}\frac{\partial x'^{\nu}}{\partial x^{\rho}}g_{\alpha\beta}\frac{\partial x^{\alpha}}{\partial x'^{\nu}}\frac{\partial x^{\beta}}{\partial x'^{\sigma}}$$

$$= g^{\lambda\rho}\frac{\partial x'^{\mu}}{\partial x^{\lambda}}g_{\rho\beta}\frac{\partial x^{\beta}}{\partial x'^{\sigma}}$$

$$= \frac{\partial x'^{\mu}}{\partial x^{\lambda}}\frac{\partial x^{\lambda}}{\partial x'^{\sigma}} = \delta^{\mu}{}_{\sigma}$$

である．これを (4.10) と同じ関係式

$$g'^{\mu\nu}g'_{\nu\sigma} = \delta^{\mu}{}_{\sigma}$$

と比較すると

$$g'^{\mu\nu} = \frac{\partial x'^{\mu}}{\partial x^{\lambda}}\frac{\partial x'^{\nu}}{\partial x^{\rho}}g^{\lambda\rho}$$

が得られ，(4.7) と同じように変換されることがわかる．

添字の個数がテンソルの階数を示す．変換式 (4.7)，(4.8) および (4.9) をさらに階数の高いテンソルに一般化することは容易である．

問 4.2 座標変換 (4.3) に対して 4 階のテンソル $T^{\mu\nu}{}_{\lambda\rho}$ の変換式を具体的に記せ．

テンソル $T^{\mu\nu}$ の添字は計量テンソル $g_{\mu\nu}$ あるいは $g^{\mu\nu}$ を用いて上げ下げされる．つまり

$$T_\mu{}^\nu = g_{\mu\lambda}T^{\lambda\nu}, \qquad T_{\mu\nu} = g_{\mu\lambda}T^\lambda{}_\nu \qquad (4.11)$$

$$T^\mu{}_\nu = g^{\mu\lambda}T_{\lambda\nu}, \qquad T^{\mu\nu} = g^{\mu\lambda}T_\lambda{}^\nu \qquad (4.12)$$

である．2階のテンソルについて $T^{\mu\nu}$, $T_{\mu\nu}$, $T^\mu{}_\nu$, $T_\mu{}^\nu$ の表記法がある．そのうちのどれを用いても構わないが，添字の位置には注意を要する．すなわち

$$T_\mu{}^\nu = g_{\mu\lambda}T^{\lambda\nu}, \qquad T^\nu{}_\mu = g_{\lambda\mu}T^{\nu\lambda}$$

であるから，$T^{\mu\nu}$ が対称テンソルであるときのみ $T_\mu{}^\nu = T^\nu{}_\mu$ となる．

4.3 質点の運動方程式

局所ローレンツ系での座標を X^μ とし，固有時を τ とすれば，外力の作用を受けずに自由運動している質点の運動方程式は

$$\frac{d^2 X^\mu}{d\tau^2} = 0 \qquad (4.13)$$

と書くことができる．これを一般座標系 x^μ へ変換してみよう．変換式 $X^\mu = X^\mu(x)$ を τ で2回微分すると

$$\frac{dX^\mu}{d\tau} = \frac{\partial X^\mu}{\partial x^\nu}\frac{dx^\nu}{d\tau} \qquad (4.14)$$

$$\frac{d^2 X^\mu}{d\tau^2} = \frac{\partial X^\mu}{\partial x^\nu}\frac{d^2 x^\nu}{d\tau^2} + \frac{\partial^2 X^\mu}{\partial x^\rho \partial x^\nu}\frac{dx^\rho}{d\tau}\frac{dx^\nu}{d\tau} \qquad (4.15)$$

となる．(4.13) により (4.15) は 0 であるが，これに $\partial x^\lambda/\partial X^\mu$ を掛けると

$$\frac{d^2 x^\lambda}{d\tau^2} + \Gamma^\lambda{}_{\mu\nu}\frac{dx^\mu}{d\tau}\frac{dx^\nu}{d\tau} = 0 \qquad (4.16)$$

が得られる．

ただし

$$\Gamma^\lambda{}_{\mu\nu} = \frac{\partial x^\lambda}{\partial X^\sigma}\frac{\partial^2 X^\sigma}{\partial x^\mu \partial x^\nu} \qquad (4.17)$$

である．これは**接続係数**といわれ，添字 μ, ν について対称であるが，以下に

示すようにテンソルではないことに注意しよう．もし X^μ が x^ν の線形関数であるならば，$\Gamma^\lambda{}_{\mu\nu} = 0$ となる．これは座標系 x^ν も慣性系であることを意味する．

(4.16) が一般座標系で記述した質点の運動方程式である．これを

$$m\frac{d^2x^\lambda}{d\tau^2} = -m\Gamma^\lambda{}_{\mu\nu}\frac{dx^\mu}{d\tau}\frac{dx^\nu}{d\tau} \tag{4.18}$$

と表し，等価原理に基づいて右辺を重力と見なす．ただし，m は質点の質量である．つまり，座標系 x^μ で作用している重力は座標系 X^μ で消すことができるのである．(4.18) を (4.13) と比べると，局所ローレンツ系では $\Gamma^\lambda{}_{\mu\nu} = 0$ となっていることがわかる．

座標変換 (4.3) を行うと，(4.17) で定義された $\Gamma^\lambda{}_{\mu\nu}$ は

$$\begin{aligned}\Gamma'^\lambda{}_{\mu\nu} &= \frac{\partial x'^\lambda}{\partial X^\sigma}\frac{\partial^2 X^\sigma}{\partial x'^\mu \partial x'^\nu} \\ &= \frac{\partial x'^\lambda}{\partial x^\alpha}\frac{\partial x^\alpha}{\partial X^\sigma}\frac{\partial}{\partial x'^\mu}\left(\frac{\partial X^\sigma}{\partial x^\gamma}\frac{\partial x^\gamma}{\partial x'^\nu}\right) \\ &= \frac{\partial x'^\lambda}{\partial x^\alpha}\frac{\partial x^\alpha}{\partial X^\sigma}\frac{\partial^2 X^\sigma}{\partial x^\beta \partial x^\gamma}\frac{\partial x^\beta}{\partial x'^\mu}\frac{\partial x^\gamma}{\partial x'^\nu} + \frac{\partial x'^\lambda}{\partial x^\alpha}\frac{\partial x^\alpha}{\partial X^\sigma}\frac{\partial X^\sigma}{\partial x^\gamma}\frac{\partial^2 x^\gamma}{\partial x'^\mu \partial x'^\nu} \\ &= \frac{\partial x'^\lambda}{\partial x^\alpha}\frac{\partial x^\beta}{\partial x'^\mu}\frac{\partial x^\gamma}{\partial x'^\nu}\Gamma^\alpha{}_{\beta\gamma} + \frac{\partial x'^\lambda}{\partial x^\alpha}\frac{\partial^2 x^\alpha}{\partial x'^\mu \partial x'^\nu}\end{aligned} \tag{4.19}$$

と変換される．右辺第2項があるため $\Gamma^\lambda{}_{\mu\nu}$ はテンソルではない．それだからこそ，ある点で $\Gamma^\lambda{}_{\mu\nu} = 0$ となる座標系をいつでも選ぶことができるのである．その座標系が局所ローレンツ系である．

線素 (4.1) と (4.2) から計量テンソルは

$$g_{\mu\nu} = \eta_{\lambda\rho}\frac{\partial X^\lambda}{\partial x^\mu}\frac{\partial X^\rho}{\partial x^\nu} \tag{4.20}$$

と書くことができる．これを x^σ で微分すると

$$\frac{\partial g_{\mu\nu}}{\partial x^\sigma} = \eta_{\lambda\rho}\left(\frac{\partial^2 X^\lambda}{\partial x^\sigma \partial x^\mu}\frac{\partial X^\rho}{\partial x^\nu} + \frac{\partial X^\lambda}{\partial x^\mu}\frac{\partial^2 X^\rho}{\partial x^\sigma \partial x^\nu}\right)$$

となり，これに (4.17) から得られる関係

$$\frac{\partial^2 X^\lambda}{\partial x^\mu \partial x^\nu} = \frac{\partial X^\lambda}{\partial x^\sigma}\Gamma^\sigma{}_{\mu\nu}$$

を代入し，(4.20) を用いると

$$\frac{\partial g_{\mu\nu}}{\partial x^\sigma} = g_{\mu\lambda}\Gamma^\lambda{}_{\nu\sigma} + g_{\nu\lambda}\Gamma^\lambda{}_{\mu\sigma} \tag{4.21}$$

が得られる．

(4.21) の添字 μ, ν, σ を入れかえたものを足し算，引き算すると

$$\frac{\partial g_{\sigma\mu}}{\partial x^\nu} + \frac{\partial g_{\sigma\nu}}{\partial x^\mu} - \frac{\partial g_{\mu\nu}}{\partial x^\sigma} = 2g_{\sigma\lambda}\Gamma^\lambda{}_{\mu\nu} \tag{4.22}$$

となるから，(4.10) を用いると

$$\Gamma^\lambda{}_{\mu\nu} = \frac{1}{2}g^{\lambda\sigma}\left(\frac{\partial g_{\sigma\mu}}{\partial x^\nu} + \frac{\partial g_{\sigma\nu}}{\partial x^\mu} - \frac{\partial g_{\mu\nu}}{\partial x^\sigma}\right) \tag{4.23}$$

を得て，添字 μ, ν について対称であることが確かめられる．計量テンソルを用いて表したこの形の接続係数を**クリストフェル記号**という．

時空がゆがんでいる場合，$\Gamma^\lambda{}_{\mu\nu} \neq 0$ であり，重力が作用していることが (4.18) からわかる．すなわち，重力を時空のゆがみと見なすことができる．平坦な時空では $g_{\mu\nu} = \eta_{\mu\nu}$ であるから $\Gamma^\lambda{}_{\mu\nu} = 0$ となる．逆に $\Gamma^\lambda{}_{\mu\nu} = 0$ であるならば，$g_{\mu\nu}$ は定数となるので，$g_{\mu\nu} = \eta_{\mu\nu}$ となるような座標系を選ぶことができる．

問 4.3 計量テンソル $g_{\mu\nu}$ を行列と見なし，その行列式を g とする．(4.20) を用いて $g < 0$ であることを示せ．

問 4.4 次式が成り立つことを示せ．

$$\Gamma^\nu{}_{\mu\nu} = \frac{1}{2}g^{\nu\lambda}\frac{\partial g_{\nu\lambda}}{\partial x^\mu} = \frac{1}{2g}\frac{\partial g}{\partial x^\mu} = \frac{\partial}{\partial x^\mu}(\ln\sqrt{-g}) \tag{4.24}$$

2.9 節で述べたように，静止質量 m_0 の質点に対する作用積分は

$$S = -m_0 c^2 \int_{\tau_A}^{\tau_B} d\tau \tag{4.25}$$

で与えられる．2 点 A と B を結ぶ径路に沿って測った任意のパラメーターを λ とすると，$ds^2 = -c^2 d\tau^2 = g_{\mu\nu} dx^\mu dx^\nu$ であるから

$$S = -m_0 c \int_A^B \sqrt{-g_{\mu\nu} \frac{dx^\mu}{d\lambda} \frac{dx^\nu}{d\lambda}} \, d\lambda \tag{4.26}$$

と書ける．この表式は λ の選び方に関係しないことを注意しておこう．

さらに，

$$\sigma = \sqrt{-g_{\mu\nu} \frac{dx^\mu}{d\lambda} \frac{dx^\nu}{d\lambda}} \tag{4.27}$$

とおくと，積分 (4.26) が極値を取る径路は変分 $\delta S = 0$, すなわちオイラー‒ラグランジュ方程式

$$\frac{d}{d\lambda}\left(\frac{1}{\sigma} g_{\mu\nu} \frac{dx^\nu}{d\lambda}\right) - \frac{1}{2\sigma} \frac{\partial g_{\nu\rho}}{\partial x^\mu} \frac{dx^\nu}{d\lambda} \frac{dx^\rho}{d\lambda} = 0$$

を満足する．パラメーター λ として質点の固有時 τ を取ると $\sigma = c$ となるので

$$g_{\mu\nu} \frac{d^2 x^\nu}{d\tau^2} + \frac{\partial g_{\mu\nu}}{\partial x^\rho} \frac{dx^\nu}{d\tau} \frac{dx^\rho}{d\tau} - \frac{1}{2} \frac{\partial g_{\nu\rho}}{\partial x^\mu} \frac{dx^\nu}{d\tau} \frac{dx^\rho}{d\tau} = 0$$

を得る．これに $g^{\mu\lambda}$ を掛け，添字を整理すると

$$\frac{d^2 x^\lambda}{d\tau^2} + g^{\lambda\sigma} \frac{\partial g_{\sigma\nu}}{\partial x^\mu} \frac{dx^\mu}{d\tau} \frac{dx^\nu}{d\tau} - \frac{1}{2} g^{\lambda\sigma} \frac{\partial g_{\mu\nu}}{\partial x^\sigma} \frac{dx^\mu}{d\tau} \frac{dx^\nu}{d\tau} = 0 \tag{4.28}$$

となる．第 2 項は添字 μ と ν を交換しても同じものであるから

$$g^{\lambda\sigma} \frac{\partial g_{\sigma\nu}}{\partial x^\mu} \frac{dx^\mu}{d\tau} \frac{dx^\nu}{d\tau} = \frac{1}{2} g^{\lambda\sigma} \left(\frac{\partial g_{\sigma\nu}}{\partial x^\mu} + \frac{\partial g_{\sigma\mu}}{\partial x^\nu}\right) \frac{dx^\mu}{d\tau} \frac{dx^\nu}{d\tau}$$

となり，(4.28) に代入して (4.23) と比べると

$$\frac{d^2 x^\lambda}{d\tau^2} + \Gamma^\lambda{}_{\mu\nu} \frac{dx^\mu}{d\tau} \frac{dx^\nu}{d\tau} = 0 \tag{4.29}$$

が得られる．これはまさに運動方程式 (4.16) そのものである．

2 点間の距離が極値を取る径路を**測地線**といい，(4.29) を**測地線方程式**という．平坦な時空における測地線はもちろん直線である．自由運動している質点の運動方程式が測地線方程式に一致するということは，重力を時空のゆがみと見なしたとき，質点の世界線が測地線になることを意味している．

問 4.5 ラグランジュ関数は $L = \sigma$ で与えられる．しかし $\lambda = \tau$ とおけるならば，$L = -(1/2)\sigma^2$ としても，ラグランジュ方程式は (4.29) となることを示せ．

例：回転座標系

(cT, X, Y, Z) を局所ローレンツ系とし，Z 軸の周りに一定の角速度 ω で回転する座標系 (ct, x, y, z) を考える．座標変換は

$$X = x \cos \omega t - y \sin \omega t$$
$$Y = x \sin \omega t + y \cos \omega t$$
$$Z = z, \quad T = t$$

と与えられるから，線素は

$$ds^2 = -\left[1 - \frac{\omega^2}{c^2}(x^2 + y^2)\right] c^2 dt^2 - 2\omega\, dt(y\, dx - x\, dy) + dx^2 + dy^2 + dz^2$$

と書ける．回転が遅く，$\omega x \ll c$, $\omega y \ll c$ の場合，$\Gamma^\lambda{}_{\mu\nu}$ の 0 でない成分は

$$\Gamma^1{}_{00} = -\frac{\omega^2}{c^2} x, \qquad \Gamma^1{}_{02} = -\frac{\omega}{c}$$

$$\Gamma^2{}_{00} = -\frac{\omega^2}{c^2} y, \qquad \Gamma^2{}_{02} = \frac{\omega}{c}$$

である．測地線方程式 (4.29) の $\lambda = 0$ の成分は

$$\ddot{t} = 0$$

となる．ただし，ドットは固有時 τ についての微分を表す．したがって $\dot{t}$ は一定となり，時間の長さを適当に調節すると $\dot{t} = 1$，すなわち $t = \tau$ とできる．

(4.29) の $\lambda = 1$ の成分は

$$\ddot{x} - \omega^2 x \dot{t}^2 - 2\omega \dot{t}\dot{y} = 0$$

であるから $\dot{t} = 1$ とおくと

$$\frac{d^2x}{dt^2} = \omega^2 x + 2\omega \frac{dy}{dt}$$

と書ける．同様に $\lambda = 2$ の成分から

$$\frac{d^2y}{dt^2} = \omega^2 y - 2\omega \frac{dx}{dt}$$

が得られる．これらを運動方程式と見なすと，右辺第 1 項と第 2 項はそれぞれ単位質量当りの遠心力とコリオリの力を表していることがわかる．

4.4 ベクトルの平行移動と共変微分

ある点 x^μ におけるベクトル $A_\nu(x^\mu)$ をその近傍の点 $x^\mu + dx^\mu$ まで平行移動させよう．もし時空が平坦であるなら，ベクトルは変化しないので $A_\nu(x^\mu) = A_\nu(x^\mu + dx^\mu)$ が成り立ち，平行移動の条件は

$$\frac{\partial A_\nu}{\partial x^\mu} = 0 \tag{4.30}$$

と書くことができる．

ここで座標変換 (4.3) を行うと，量 $\partial A_\nu / \partial x^\mu$ は (4.6) より

$$\frac{\partial A'_\nu}{\partial x'^\mu} = \frac{\partial}{\partial x'^\mu}\left(\frac{\partial x^\lambda}{\partial x'^\nu} A_\lambda\right)$$

$$= \frac{\partial x^\lambda}{\partial x'^\nu} \frac{\partial x^\sigma}{\partial x'^\mu} \frac{\partial A_\lambda}{\partial x^\sigma} + \frac{\partial^2 x^\lambda}{\partial x'^\mu \partial x'^\nu} A_\lambda \tag{4.31}$$

と変換される．右辺の第2項があるため，この微分はテンソルではない．しかし，この余分な第2項は $\Gamma^\lambda{}_{\mu\nu}$ の変換式 (4.19) の余分な項と類似している．

実際，$\Gamma^\lambda{}_{\mu\nu}A_\lambda$ を考えると，(4.19) より

$$\Gamma'^\lambda{}_{\mu\nu}A'_\lambda = \left(\frac{\partial x'^\lambda}{\partial x^\alpha}\frac{\partial x^\beta}{\partial x'^\mu}\frac{\partial x^\gamma}{\partial x'^\nu}\Gamma^\alpha{}_{\beta\gamma} + \frac{\partial x'^\lambda}{\partial x^\alpha}\frac{\partial^2 x^\alpha}{\partial x'^\mu \partial x'^\nu}\right)\frac{\partial x^\rho}{\partial x'^\lambda}A_\rho$$

$$= \frac{\partial x^\beta}{\partial x'^\mu}\frac{\partial x^\gamma}{\partial x'^\nu}\Gamma^\rho{}_{\beta\gamma}A_\rho + \frac{\partial^2 x^\rho}{\partial x'^\mu \partial x'^\nu}A_\rho$$

であるから，これを (4.31) から差し引くと

$$\frac{\partial A'_\nu}{\partial x'^\mu} - \Gamma'^\lambda{}_{\mu\nu}A'_\lambda = \frac{\partial x^\lambda}{\partial x'^\mu}\frac{\partial x^\sigma}{\partial x'^\nu}\left(\frac{\partial A_\lambda}{\partial x^\sigma} - \Gamma^\rho{}_{\lambda\sigma}A_\rho\right)$$

となり

$$\frac{\partial A_\nu}{\partial x^\mu} - \Gamma^\lambda{}_{\mu\nu}A_\lambda \tag{4.32}$$

がテンソルであることが確かめられた．

したがって，一般座標変換に対して共変な形式で表した**平行移動の条件**は

$$\frac{\partial A_\nu}{\partial x^\mu} - \Gamma^\lambda{}_{\mu\nu}A_\lambda = 0 \tag{4.33}$$

である．これはベクトル A_ν を微小距離 Δx^μ だけ平行移動すると，空間が曲がっているために大きさと向きが $+\Gamma^\lambda{}_{\mu\nu}A_\lambda \Delta x^\mu$ だけ変化することを意味している．もちろん，局所ローレンツ系では $\Gamma^\lambda{}_{\mu\nu} = 0$ であるから (4.33) は (4.30) に帰着する．

簡単のため (3.21) のように，偏微分を

$$\partial_\mu A_\nu = \frac{\partial A_\nu}{\partial x^\mu} \tag{4.34}$$

と書くことにしよう．前で見たように，偏微分 (4.34) はテンソルでなく，むしろ (4.32) で与えられた量がテンソルとなる．したがって，共変ベクトル A_ν の**共変微分**を

$$\nabla_\mu A_\nu = \partial_\mu A_\nu - \Gamma^\lambda{}_{\mu\nu}A_\lambda \tag{4.35}$$

110   4. 一般相対論の基礎

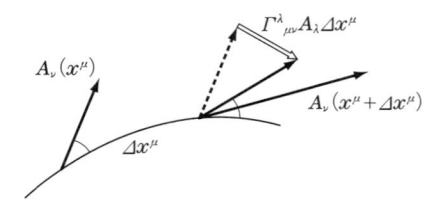

図 4.1 ベクトルの平行移動

と定義する[4]．微分は隣接する 2 点間でのベクトルの増分を与えるものであるから，異なる点でのベクトルを比べるためには，まずベクトルを同じ点まで平行移動する必要がある．図 4.1 に示すように，点 x^μ でのベクトル A_ν を接線となす角を一定に保ちながら微小距離 Δx^μ だけ平行移動すると $A_\nu + \Gamma^\lambda{}_{\mu\nu} A_\lambda \Delta x^\mu$ となる．ベクトルの増分は，点 $x^\mu + \Delta x^\mu$ でのベクトル $A_\nu(x^\mu + \Delta x^\mu)$ との差を取って

$$\nabla_\mu A_\nu = \lim_{\Delta x^\mu \to 0} \frac{A_\nu(x^\mu + \Delta x^\mu) - [A_\nu(x^\mu) + \Gamma^\lambda{}_{\nu\rho} A_\lambda \Delta x^\rho]}{\Delta x^\mu}$$

$$= \lim_{\Delta x^\mu \to 0} \frac{A_\nu(x^\mu + \Delta x^\mu) - A_\nu(x^\mu)}{\Delta x^\mu} - \lim_{\Delta x^\mu \to 0} \Gamma^\lambda{}_{\nu\rho} A_\lambda \frac{\Delta x^\rho}{\Delta x^\mu}$$

で与えられる．これが共変微分 (4.35) の意味である．

平行移動の条件 (4.33) は共変微分を用いると

$$\nabla_\mu A_\nu = 0 \tag{4.36}$$

と書くことができる．

スカラー $\phi(x)$ は平行移動しても変化しないので，その共変微分は普通の偏微分に等しい．つまり

$$\nabla_\mu \phi = \partial_\mu \phi \tag{4.37}$$

である．

(4.37) を内積 $A^\mu A_\mu$ に適用すると

$$\nabla_\mu (A^\nu A_\nu) = \partial_\mu (A^\nu A_\nu) = A_\nu \partial_\mu A^\nu + A^\nu \partial_\mu A_\nu$$

---

4) 偏微分を $A_{\nu,\mu} = \partial A_\nu / \partial x^\mu$，共変微分を $A_{\nu;\mu} = A_{\nu,\mu} - \Gamma^\lambda{}_{\nu\mu} A_\lambda$ と表記する本もある．

である．一方，(4.35) を用いると
$$\nabla_\mu(A^\nu A_\nu) = A_\nu \nabla_\mu A^\nu + A^\nu(\partial_\mu A_\nu - \Gamma^\lambda{}_{\mu\nu} A_\lambda)$$
であるから
$$A_\nu(\nabla_\mu A^\nu - \partial_\mu A^\nu - \Gamma^\lambda{}_{\mu\nu} A_\lambda) = 0$$
となり，反変ベクトル A^μ の共変微分
$$\nabla_\mu A^\nu = \partial_\mu A^\nu + \Gamma^\nu{}_{\mu\lambda} A^\lambda \tag{4.38}$$
が得られる．

問 4.6 3次元ベクトル A について $\nabla_i A^i$ の具体的な表式を (1) 円柱座標系，(2) 球座標系でそれぞれ求めよ．

(4.35) と (4.38) を例えば 3 階のテンソル $T^{\mu\nu}{}_\lambda$ の共変微分に拡張すれば
$$\nabla_\rho T^{\mu\nu}{}_\lambda = \partial_\rho T^{\mu\nu}{}_\lambda + \Gamma^\mu{}_{\rho\sigma} T^{\sigma\nu}{}_\lambda + \Gamma^\nu{}_{\rho\sigma} T^{\mu\sigma}{}_\lambda - \Gamma^\sigma{}_{\rho\lambda} T^{\mu\nu}{}_\sigma \tag{4.39}$$
となる．

問 4.7 (4.39) が成り立つことを確かめよ．

特に，計量テンソルについては (4.21) より
$$\nabla_\lambda g_{\mu\nu} = 0, \qquad \nabla_\lambda g^{\mu\nu} = 0 \tag{4.40}$$
が成り立つ．

ここで，一般相対論において法則を定式化する手順をまとめておこう．まず，特殊相対論で成り立つ法則をテンソルを用いて記述する．そして，その表式において次の置換を行う
$$\eta_{\mu\nu} \implies g_{\mu\nu}$$
$$\partial_\mu \implies \nabla_\mu$$
この表式は一般座標変換に対して共変となっているので，求める結果が得られたことになる．(4.40) が示すように，計量テンソルは共変微分に関して定数のように振舞うので，物理法則を共変微分形式で表したときに添字の上げ

下げは全く自由に行うことができる．

例：一般相対論的マクスウェル方程式

特殊相対論でのマクスウェル方程式 (3.34) と (3.37) を一般相対論に拡張すると

$$\nabla_\mu F_{\nu\lambda} + \nabla_\nu F_{\lambda\mu} + \nabla_\lambda F_{\mu\nu} = 0 \tag{4.41}$$

$$\nabla_\lambda F^{\nu\lambda} = \mu_0 J^\nu \tag{4.42}$$

と書ける．

問 4.8 一般相対論でも電磁テンソル $F_{\mu\nu}$ の形が変わらないこと，すなわち
$$F_{\mu\nu} = \nabla_\mu A_\nu - \nabla_\nu A_\mu = \partial_\mu A_\nu - \partial_\nu A_\mu$$
であることを示せ．

問 4.9 $F_{\mu\nu}$ を反対称テンソルとするとき
$$\nabla_\mu F^{\mu\nu} = \frac{1}{\sqrt{-g}} \partial_\mu(\sqrt{-g} F^{\mu\nu})$$
となることを示せ．

4.5 リーマンテンソル

ベクトルを任意の閉曲線に沿って平行移動させながら一巡したときのベクトルの変化を考えてみよう．図 4.2 に示すように，2 つのパラメーター u と v で記述される曲面上に点 P (u, v), P$_1$ $(u + du, v)$, P$_2$ $(u, v + dv)$, Q $(u + du, v + dv)$ を取る．ただし，du, dv は微小変位とする．

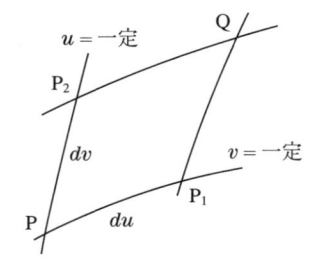

図 4.2 u, v 面

まず，ベクトル A_ρ を P から P_1 まで平行移動すると

$$A_\rho(P_1) = A_\rho(P) + \Gamma^\lambda{}_{\rho\mu}(P) A_\lambda(P) \frac{\partial x^\mu}{\partial u} du \tag{4.43}$$

となり，P_1 から Q まで平行移動すると

$$A_\rho(Q) = A_\rho(P_1) + \Gamma^\lambda{}_{\rho\nu}(P_1) A_\lambda(P_1) \frac{\partial x^\nu}{\partial v} dv \tag{4.44}$$

となる．ここで $\Gamma^\lambda{}_{\rho\nu}(P_1)$ を点 P の周りに展開して

$$\Gamma^\lambda{}_{\rho\nu}(P_1) = \Gamma^\lambda{}_{\rho\nu}(P) + \frac{\partial \Gamma^\lambda{}_{\rho\nu}(P)}{\partial x^\mu} \frac{\partial x^\mu}{\partial u} du + \cdots \tag{4.45}$$

を得る．

(4.44) に (4.43) と (4.45) を代入すると

$$A_\rho(Q) = A_\rho + \Gamma^\lambda{}_{\rho\mu} A_\lambda \frac{\partial x^\mu}{\partial u} du$$
$$+ \left(\Gamma^\lambda{}_{\rho\nu} + \frac{\partial \Gamma^\lambda{}_{\rho\nu}}{\partial x^\mu} \frac{\partial x^\mu}{\partial u} du\right)\left(A_\lambda + \Gamma^\sigma{}_{\lambda\alpha} A_\sigma \frac{\partial x^\alpha}{\partial u} du\right) \frac{\partial x^\nu}{\partial v} dv$$

となる．ただし，右辺の量はすべて点 P での値である．微小量 du, dv の 3 次以上の項を無視し，添字を整理すると

$$A_\rho(Q) = A_\rho + \Gamma^\lambda{}_{\rho\mu} A_\lambda \frac{\partial x^\mu}{\partial u} du + \Gamma^\lambda{}_{\rho\nu} A_\lambda \frac{\partial x^\nu}{\partial v} dv$$
$$+ \left(\frac{\partial \Gamma^\lambda{}_{\rho\nu}}{\partial x^\mu} + \Gamma^\sigma{}_{\rho\nu} \Gamma^\lambda{}_{\sigma\mu}\right) A_\lambda \frac{\partial x^\mu}{\partial u} \frac{\partial x^\nu}{\partial v} du\, dv \tag{4.46}$$

が得られる．

次に，ベクトル A_ρ を P から P_2 を経由して Q まで平行移動する．その結果は (4.46) において u と v を入れかえたものとなる．さらに，添字 μ と ν も入れかえると

$$A_\rho^*(Q) = A_\rho + \Gamma^\lambda{}_{\rho\nu}A_\lambda \frac{\partial x^\nu}{\partial v} dv + \Gamma^\lambda{}_{\rho\mu}A_\lambda \frac{\partial x^\mu}{\partial u} du$$
$$+ \left(\frac{\partial \Gamma^\lambda{}_{\rho\mu}}{\partial x^\nu} + \Gamma^\sigma{}_{\rho\mu}\Gamma^\lambda{}_{\sigma\nu} \right) A_\lambda \frac{\partial x^\mu}{\partial u} \frac{\partial x^\nu}{\partial v} du\, dv$$
(4.47)

となる．したがって，閉曲線 PP₁QP₂P に沿って一巡したときの A_ρ の変化は

$$\Delta A_\rho = A_\rho(Q) - A_\rho^*(Q) = R^\lambda{}_{\rho\mu\nu} A_\lambda \frac{\partial x^\mu}{\partial u} \frac{\partial x^\nu}{\partial v} du\, dv \quad (4.48)$$

と書くことができる．ただし

$$R^\lambda{}_{\rho\mu\nu} = \partial_\mu \Gamma^\lambda{}_{\rho\nu} - \partial_\nu \Gamma^\lambda{}_{\rho\mu} + \Gamma^\lambda{}_{\sigma\mu}\Gamma^\sigma{}_{\rho\nu} - \Gamma^\lambda{}_{\sigma\nu}\Gamma^\sigma{}_{\rho\mu} \quad (4.49)$$

である．これは**リーマンテンソル**，または**曲率テンソル**といわれ，空間がどれだけゆがんでいるかを示す量である．

空間が平坦な場合には，平行移動してもベクトルは変化しないので

$$R^\lambda{}_{\rho\mu\nu} = 0 \quad (4.50)$$

である．局所ローレンツ系では $\Gamma^\lambda{}_{\mu\nu} = 0$ であるが，一般に $\partial_\sigma \Gamma^\lambda{}_{\mu\nu} \neq 0$ であるからリーマンテンソルは 0 とはならない．空間が曲がっていても任意の点で局所ローレンツ系を選ぶことができるということは，その点で接平面を考えることに相当する．

(4.18) で述べたように，$\Gamma^\lambda{}_{\mu\nu}$ の項を重力と見なすことができる．すなわち，たとえ平坦な時空においても座標変換によって重力を作ることが可能となる．逆に，曲がった空間においては局所ローレンツ系に座標変換すれば，この項を 0 とすることもできるので，この項を見かけの重力という．一方，曲がった時空においては $R^\lambda{}_{\rho\mu\nu} \neq 0$ であり，これはテンソルの式であるから，座標の選び方によらずに成り立っている．この場合を真の重力場という．

4.1 節では，落下する"1 個"のりんごだけを見て，座標変換による見かけの力と重力を区別することはできないと述べた．しかし，隣接する 2 個のりんごの落下運動を詳細に調べて 2 つの測地線方程式の差をとれば，$\partial_\sigma \Gamma^\lambda{}_{\mu\nu}$

の項が現れるので，見かけの重力と真の重力を区別することができるのである．例えば，落下する 2 個のりんごは地球中心に向けて運動しているので，2 つの軌跡は完全に平行ではなく，少しずつ接近している．

通常の偏微分では続けて 2 回微分するとき，その順序を替えても結果は同じである．しかし，共変微分では微分の順序が交換可能ではない．実際に，テンソル $\nabla_\nu A^\lambda$ の共変微分は (4.39) を用いると

$$\nabla_\mu(\nabla_\nu A^\lambda) = \partial_\mu(\nabla_\nu A^\lambda) + \Gamma^\lambda{}_{\mu\sigma}\nabla_\nu A^\sigma - \Gamma^\sigma{}_{\mu\nu}\nabla_\sigma A^\lambda$$
$$= \partial_\mu(\partial_\nu A^\lambda) + \partial_\mu \Gamma^\lambda{}_{\nu\rho} A^\rho + \Gamma^\lambda{}_{\nu\rho}\partial_\mu A^\rho$$
$$+ \Gamma^\lambda{}_{\mu\sigma}\partial_\nu A^\sigma + \Gamma^\lambda{}_{\mu\sigma}\Gamma^\sigma{}_{\nu\rho}A^\rho - \Gamma^\sigma{}_{\mu\nu}\nabla_\sigma A^\lambda$$

と書ける．添字 μ と ν を入れかえて引き算をすると

$$\nabla_\mu \nabla_\nu A^\lambda - \nabla_\nu \nabla_\mu A^\lambda = R^\lambda{}_{\rho\mu\nu} A^\rho \tag{4.51}$$

が得られる．曲がった時空においては $R^\lambda{}_{\rho\mu\nu} \neq 0$ であるから，共変微分の順序が重要となる．

リーマンテンソルの対称性は，その表式が簡潔になる局所ローレンツ系に移れば容易に調べることができる．(4.23) を (4.49) に代入し，$g_{\mu\nu}$ の 1 階微分をすべて 0 にすると

$$R_{\lambda\rho\mu\nu} = \frac{1}{2}(\partial_\rho\partial_\mu g_{\lambda\nu} - \partial_\lambda\partial_\mu g_{\rho\nu} - \partial_\rho\partial_\nu g_{\lambda\mu} + \partial_\lambda\partial_\nu g_{\rho\mu}) \tag{4.52}$$

となる．この表式から

$$R_{\lambda\rho\mu\nu} = -R_{\lambda\rho\nu\mu} \tag{4.53}$$

$$R_{\lambda\rho\mu\nu} = -R_{\rho\lambda\mu\nu} \tag{4.54}$$

$$R_{\lambda\rho\mu\nu} = R_{\mu\nu\lambda\rho} \tag{4.55}$$

$$R_{\lambda\rho\mu\nu} + R_{\lambda\mu\nu\rho} + R_{\lambda\nu\rho\mu} = 0 \tag{4.56}$$

であることがわかる．(4.56) は，どれか 2 つの添字が等しい場合は (4.53)〜(4.55) と同じものとなるので，4 つの添字がすべて異なる場合のみ意味があることに注意しよう．

4 次元時空において $R_{\lambda\rho\mu\nu}$ は $4^4 = 256$ 個の成分を持つが，対称性のために独立な成分の数は 20 になることを以下に示そう．まず，反対称性 (4.53) と

(4.54) のために独立な添字の組は $(\mu, \nu) = (0, 1), (0, 2), (0, 3), (1, 2),$ $(1, 3), (2, 3)$ であり，これを順に添字 $A = 1, 2, \cdots, 6$ に対応させると，$R_{\lambda\rho\mu\nu}$ は R_{AB} に対応する．対称性 (4.55) により R_{AB} は 6×6 の対称行列となり，独立な成分の数は 21 まで下げられる．最後に恒等式 (4.56) は 1 つの条件を与えるので，結局，独立な成分の数は 20 となる．

問 4.10 N 次元空間におけるリーマンテンソルの独立な成分の個数は
$$\frac{N^2 (N^2 - 1)}{12}$$
であることを示せ．

リーマンテンソルはさらに**ビアンキの恒等式**
$$\nabla_\sigma R^\lambda{}_{\rho\mu\nu} + \nabla_\mu R^\lambda{}_{\rho\nu\sigma} + \nabla_\nu R^\lambda{}_{\rho\sigma\mu} = 0 \tag{4.57}$$
を満足する．

問 4.11 局所ローレンツ系において，ビアンキの恒等式が成り立つことを示せ．

反対称性 (4.53) と (4.54) のために
$$g^{\lambda\sigma} R_{\lambda\sigma\mu\nu} = g^{\lambda\sigma} R_{\mu\nu\lambda\sigma} = 0$$
$$g^{\lambda\sigma} R_{\lambda\mu\nu\sigma} = -g^{\lambda\sigma} R_{\lambda\mu\sigma\nu}$$
であるから，リーマンテンソルの縮約は一意に定まり
$$\begin{aligned}R_{\mu\nu} &= g^{\lambda\sigma} R_{\lambda\mu\sigma\nu} \\&= R^\lambda{}_{\mu\lambda\nu} \\&= \partial_\lambda \Gamma^\lambda{}_{\mu\nu} - \partial_\nu \Gamma^\lambda{}_{\mu\lambda} + \Gamma^\lambda{}_{\mu\nu}\Gamma^\rho{}_{\lambda\rho} - \Gamma^\lambda{}_{\mu\rho}\Gamma^\rho{}_{\nu\lambda}\end{aligned} \tag{4.58}$$
で与えられる．これは**リッチテンソル**といわれる．右辺の第 2 項以外はすべて添字 μ, ν について対称であることはすぐわかる．第 2 項も (4.24) を使えばやはり対称であるから以下のようになる．
$$R_{\mu\nu} = R_{\nu\mu} \tag{4.59}$$
4 次元時空においてリッチテンソルの独立な成分の個数は 10 である．

リッチテンソルをさらに縮約すると
$$R = g^{\mu\nu}R_{\mu\nu} = R^{\mu}{}_{\mu} \tag{4.60}$$
となる．これは**スカラー曲率**といわれる．

例：2次元球面の曲率

半径 a の2次元球面上を考える．線素は
$$ds^2 = a^2\,d\theta^2 + a^2\sin^2\theta\,d\varphi^2, \quad x^{\mu} = (\theta, \varphi)$$
である．今後，0でない成分のみを書くことにする．計量テンソルは
$$g_{11} = a^2, \qquad g_{22} = a^2\sin^2\theta$$
であるから，その反変成分は
$$g^{11} = \frac{1}{a^2}, \qquad g^{22} = \frac{1}{(a\sin\theta)^2}$$
である．クリストフェル記号は
$$\Gamma^1{}_{22} = -\sin\theta\cos\theta, \qquad \Gamma^2{}_{12} = \cot\theta$$
となる．リーマンテンソルの独立な成分は1個のみであり，それは
$$R^1{}_{212} = \sin^2\theta$$
である．リッチテンソルは
$$R_{11} = 1, \qquad R_{22} = \sin^2\theta$$
となり，結局，スカラー曲率は
$$R = \frac{2}{a^2}$$
となる．a が曲率半径であることがわかる．

ビアンキの恒等式 (4.57) を λ と ν で縮約すると
$$\nabla_{\sigma}R_{\rho\mu} - \nabla_{\mu}R_{\rho\sigma} - \nabla_{\lambda}R^{\lambda}{}_{\rho\sigma\mu} = 0 \tag{4.61}$$
となり，これに $g^{\rho\sigma}$ を掛け，添字を整理すると

118   4. 一般相対論の基礎

$$\nabla_\mu G^{\mu\nu} = 0 \tag{4.62}$$

が得られる．ここで

$$G_{\mu\nu} = R_{\mu\nu} - \frac{1}{2} g_{\mu\nu} R \tag{4.63}$$

とおいた．これは**アインシュタインテンソル**といわれる．リッチテンソルと同様に対称テンソルであり，独立な成分の個数は10である．(4.62) はこのテンソルの発散が0となることを意味している．

4.6　重力場の方程式

　重力以外に力が作用していないときの質点の運動を考える．等価原理により重力を消去した局所ローレンツ系から見れば，運動方程式は

$$\frac{d^2 X^\mu}{d\tau^2} = 0$$

であり，一般座標系から見れば，それが測地線方程式

$$\frac{d^2 x^\lambda}{d\tau^2} + \Gamma^\lambda{}_{\mu\nu} \frac{dx^\mu}{d\tau} \frac{dx^\nu}{d\tau} = 0 \tag{4.64}$$

で表されることはすでに述べた．(4.64) をニュートンの運動方程式と比較するために，以下のことを仮定してニュートン近似を行なう．

（1）　重力場が弱い．すなわち計量テンソルが

$$g_{\mu\nu} = \eta_{\mu\nu} + h_{\mu\nu}, \qquad |h_{\mu\nu}| \ll 1$$

　で与えられ，微小量 $h_{\mu\nu}$ の2次以上が無視できる．

（2）　重力場が静的である．すなわち時間微分 $\partial_0 g_{\mu\nu} = 0$ である．

（3）　運動がゆっくりしており，質点の速さ u は $u \ll c$ である．

　仮定（1）より計量テンソルの反変成分を

$$g^{\mu\nu} = \eta^{\mu\nu} + h^{\mu\nu}$$

とおくと，(4.10) より

$$g^{\mu\lambda}g_{\nu\lambda} = (\eta^{\mu\lambda} + h^{\mu\lambda})(\eta_{\nu\lambda} + h_{\nu\lambda})$$
$$= \eta^{\mu\lambda}\eta_{\nu\lambda} + \eta_{\nu\lambda}h^{\mu\lambda} + \eta^{\mu\lambda}h_{\nu\lambda} = \delta^{\mu}{}_{\nu}$$

と書けるから

$$\eta_{\nu\lambda}h^{\mu\lambda} + \eta^{\mu\lambda}h_{\nu\lambda} = 0$$

が得られる.したがって

$$h^{00} = -h_{00}, \qquad h^{0i} = h_{0i}, \qquad h^{ij} = -h_{ij}$$

である.添字の上げ下げは $\eta^{\mu\nu}$ で行われることに注意しよう.

仮定(3)より固有時 $d\tau$ と座標時 dt は等しくなり

$$\frac{dx^{\mu}}{d\tau} = \frac{dx^{\mu}}{dt} = (c, 0, 0, 0)$$

となるから (4.64) は

$$\frac{d^2 x^{\lambda}}{dt^2} + c^2 \Gamma^{\lambda}{}_{00} = 0$$

と書ける.さらに,仮定(2)より $h_{\mu\nu}$ の 1 次までの近似で

$$\Gamma^{0}{}_{00} = 0, \qquad \Gamma^{i}{}_{00} = -\frac{1}{2}\partial_i h_{00}$$

であるから,運動方程式として

$$\frac{d^2 x^i}{dt^2} = \frac{1}{2}c^2 \partial_i h_{00} \quad (i = 1, 2, 3) \tag{4.65}$$

が得られる.

一方,ニュートン力学においては単位質量当りの重力ポテンシャルを $\phi(x)$ とすると,運動方程式は

$$\frac{d^2 x^i}{dt^2} = -\partial_i \phi \tag{4.66}$$

である.(4.65) と (4.66) を比べることにより

$$h_{00} = -\frac{2}{c^2}\phi \tag{4.67}$$

120   4. 一般相対論の基礎

とおけば，一般相対論の運動方程式がニュートン力学の方程式に帰着することがわかる．したがって，g_{00} は重力ポテンシャル $\phi(x)$ と

$$g_{00} = -1 - \frac{2}{c^2}\phi \tag{4.68}$$

で関係づけられる．このことを拡張して $g_{\mu\nu}$ を重力場のポテンシャルと見なす．そうすると，$g_{\mu\nu}$ の 1 階微分で構成される $\Gamma^{\lambda}{}_{\mu\nu}$ は重力そのものに相当する．局所ローレンツ系で $\Gamma^{\lambda}{}_{\mu\nu} = 0$ ということは，そこで重力が作用していないことを意味している．

ニュートンの重力ポテンシャル $\phi(x)$ に対するポアソン方程式は

$$\nabla^2 \phi = 4\pi G \rho \tag{4.69}$$

である．ただし G は万有引力定数，$\rho(x)$ は重力場の源となる物質の**固有質量密度**である．

ここで，**完全流体のエネルギー運動量テンソル** $T_{\mu\nu}$ を求めておこう．流体が静止している座標系で測った圧力を P とすると，局所ローレンツ系では，非対角成分はすべて 0, 対角成分は

$$T^{00} = \rho c^2, \qquad T^{11} = T^{22} = T^{33} = P \tag{4.70}$$

となる．流体の 4 元速度は

$$u^\mu = \frac{dx^\mu}{d\tau} = (c, 0, 0, 0)$$

である．$T^{\mu\nu}$ を u^μ と $\eta^{\mu\nu}$ からなる 2 階のテンソルで表すと

$$T^{\mu\nu} = A u^\mu u^\nu + B \eta^{\mu\nu}$$

の形を取るので，局所ローレンツ系における (4.70) と比べて，係数 A と B を求めると

$$A = \rho + \frac{P}{c^2}, \qquad B = P$$

である．したがって，エネルギー運動量テンソルは次のようになる．

$$T^{\mu\nu} = \left(\rho + \frac{P}{c^2}\right)u^\mu u^\nu + P\eta^{\mu\nu} \tag{4.71}$$

3.6 節と同様に，完全流体に関してもエネルギー運動量の保存則は

$$\partial_\nu T^{\nu\mu} = 0 \tag{4.72}$$

である．

問 4.12 完全流体において，流体の速度が遅く，$u^\mu = (c, \boldsymbol{u})$ であり，$P \ll \rho c^2$ と近似できる場合，保存則 (4.72) は流体力学における連続の式と運動方程式になることを示せ．

(4.71) を一般座標系へ変換すると，$\eta^{\mu\nu}$ を $g^{\mu\nu}$ でおきかえて

$$T^{\mu\nu} = \left(\rho + \frac{P}{c^2}\right)u^\mu u^\nu + Pg^{\mu\nu} \tag{4.73}$$

が得られ，保存則 (4.72) は

$$\nabla_\nu T^{\nu\mu} = 0 \tag{4.74}$$

と書ける．

一般相対論では計量テンソル $g_{\mu\nu}$ を重力ポテンシャル ϕ に対応させた．そうすると $g_{\mu\nu}$ の 2 階微分を含む $G_{\mu\nu}$ は $\nabla^2\phi$ に相当することになるので，(4.69) における重力場の源の密度 ρ を (4.73) のエネルギー運動量テンソルに拡張して

$$G_{\mu\nu} = R_{\mu\nu} - \frac{1}{2}Rg_{\mu\nu} = KT_{\mu\nu} \tag{4.75}$$

と書こう．ここで K はこれから決めるべき定数である．

(4.75) を縮約すると

$$G^\lambda{}_\lambda = -R = KT^\lambda{}_\lambda$$

となるから (4.75) は

$$R_{\mu\nu} = K\left(T_{\mu\nu} - \frac{1}{2}T^\lambda{}_\lambda g_{\mu\nu}\right) \tag{4.76}$$

と書くこともできる．前と同様のニュートン近似を行い，$h_{\mu\nu}$ の 2 次以上の項を無視するとリッチテンソルは

$$R_{00} = -\frac{1}{2}\eta^{ij}\partial_i\partial_j h_{00}$$

となる．エネルギー運動量テンソル (4.73) は圧力 P を無視すると

$$T_{00} = \rho c^2, \qquad T^\lambda{}_\lambda = -\rho c^2$$

となるから (4.76) は

$$-\eta^{ij}\partial_i\partial_j h_{00} = K\rho c^2(1+h_{00})$$

と書けて，$K\rho c^2$ は h_{00} の 1 次の量であることがわかる．したがって，$K\rho c^2 h_{00}$ は 2 次の微小量となるので，無視できて

$$-\eta^{ij}\partial_i\partial_j h_{00} = K\rho c^2 \tag{4.77}$$

と近似できる．h_{00} に (4.67) を代入すると

$$\eta^{ij}\partial_i\partial_j h_{00} = -\frac{2}{c^2}\nabla^2\phi$$

であるから，(4.69) と比べると

$$K = \frac{8\pi G}{c^4} \tag{4.78}$$

とおけば良いことがわかる．したがって

$$G_{\mu\nu} = R_{\mu\nu} - \frac{1}{2}Rg_{\mu\nu} = \frac{8\pi G}{c^4}T_{\mu\nu} \tag{4.79}$$

が得られる．これを**重力場の方程式**，あるいは**アインシュタイン方程式**という．

(4.79) を 10 個の未知量 $g_{\mu\nu}$ に対する 10 本の方程式と考えると，重力場の源となる ρ や P などの分布を与えることによって解を求めることができる．しかし実際には座標変換の自由度が 4 つあるので，$g_{\mu\nu}$ はそれだけ自由度が減る．一方，$G_{\mu\nu}$ に対しても 4 本の関係式 (4.62) があるので，解の一意性は保たれている．ρ や P の物質分布が時空の構造 $g_{\mu\nu}$ を規定するという意味で，

アインシュタイン方程式 (4.79) はマッハ原理を数学的に表現したものといえる．しかし，これは微分方程式であるから，初期条件や境界条件を与えないと解は決められないのである．

ポアソン方程式 (4.69) は線形であるから解を重ね合わせることができる．しかし，アインシュタイン方程式 (4.79) は $g_{\mu\nu}$ に関して非線形であるから解の重ね合わせもできないし，解析的な解を求めることも難しい．

(4.79) を (4.62) に代入すると，エネルギー運動量の保存則 $\nabla_\nu T^{\mu\nu} = 0$ は自動的に満足されていることがわかる．さらに，$g_{\mu\nu}$ の共変微分は 0 であるから $g_{\mu\nu}$ に比例する項を (4.79) に加えても保存則は成り立つ．すなわち，重力場の方程式を

$$R_{\mu\nu} - \frac{1}{2} R g_{\mu\nu} + \Lambda g_{\mu\nu} = \frac{8\pi G}{c^4} T_{\mu\nu} \tag{4.80}$$

と拡張することもできる．この Λ は**宇宙定数**といわれ，第 7 章で述べるように宇宙論において重要な役割を演じる．

4.7 変分原理による重力場の方程式

局所ローレンツ系 X^μ においてローレンツ不変な 4 次元体積要素 $d^4X = dV\,c\,dT$ は，一般座標系 x^μ への変換によって

$$d^4X = J d^4x$$

と変換される．ここで，J は座標変換のヤコビアン

$$J = \frac{\partial(X^0, X^1, X^2, X^3)}{\partial(x^0, x^1, x^2, x^3)}$$

であり，(4.20) の行列式を取れば $J = \sqrt{-g}$ となる．したがって，一般座標変換に対して不変な 4 次元体積要素は $\sqrt{-g}\,d^4x$ である．

作用積分も座標変換によらないスカラーであるから，重力場，すなわち時空を代表するスカラーとしてスカラー曲率 (4.60) を選ぶことは妥当である．

4. 一般相対論の基礎

つまり，重力場の作用積分を

$$S_g = \int (R + a_1 \Lambda) \sqrt{-g} \, d^4x \tag{4.81}$$

とおく．ここで宇宙定数 Λ も含めた．ただし，係数 a_1 はこれから決めるべき数である．

$R = R_{\mu\nu} g^{\mu\nu}$ であるから，(4.81) の変分は

$$\delta S_g = \int [R_{\mu\nu} \sqrt{-g} \, \delta g^{\mu\nu} + g^{\mu\nu} \sqrt{-g} \, \delta R_{\mu\nu} + (R + a_1 \Lambda) \, \delta \sqrt{-g}] \, d^4x \tag{4.82}$$

と書ける．$g^{\mu\nu} g_{\mu\nu} = \delta^\mu_\mu$ を変分して得られる

$$g^{\mu\nu} \delta g_{\mu\nu} = -g_{\mu\nu} \delta g^{\mu\nu}$$

を用いると，行列式 g の変分は

$$\delta g = g g^{\mu\nu} \delta g_{\mu\nu} = -g g_{\mu\nu} \delta g^{\mu\nu}$$

であるから

$$\delta \sqrt{-g} = -\frac{1}{2} \sqrt{-g} \, g_{\mu\nu} \delta g^{\mu\nu}$$

となる．これを (4.82) に代入すると

$$\delta S_g = \int \left[\left(R_{\mu\nu} - \frac{1}{2} R g_{\mu\nu} - \frac{1}{2} a_1 \Lambda g_{\mu\nu} \right) \sqrt{-g} \, \delta g^{\mu\nu} + g^{\mu\nu} \sqrt{-g} \, \delta R_{\mu\nu} \right] d^4x \tag{4.83}$$

が得られる．

さて，$\theta_{\mu\nu} = \delta g_{\mu\nu}$ とおき，テンソル

$$\Theta^\lambda{}_{\mu\nu} = \frac{1}{2} g^{\lambda\sigma} (\nabla_\mu \theta_{\sigma\nu} + \nabla_\nu \theta_{\sigma\mu} - \nabla_\sigma \theta_{\mu\nu})$$

を考える．これは局所ローレンツ系で

$$\Theta^\lambda{}_{\mu\nu} = \frac{1}{2} \eta^{\lambda\sigma} (\partial_\mu \theta_{\sigma\nu} + \partial_\nu \theta_{\sigma\mu} - \partial_\sigma \theta_{\mu\nu})$$

と書ける．

一方，$\delta g^{\mu\nu} = -g^{\mu\alpha}g^{\nu\beta}h_{\alpha\beta}$ であるから，クリストフェル記号 (4.23) の変分は

$$\delta \Gamma^\lambda{}_{\mu\nu} = \frac{1}{2}g^{\lambda\sigma}(\partial_\mu \theta_{\sigma\nu} + \partial_\nu \theta_{\sigma\mu} - \partial_\sigma \theta_{\mu\nu})$$

$$- \frac{1}{2}g^{\lambda\alpha}g^{\sigma\beta}\theta_{\alpha\beta}(\partial_\mu g_{\sigma\nu} + \partial_\nu g_{\sigma\mu} - \partial_\sigma g_{\mu\nu})$$

であり，右辺第 2 項は $(1/2)g^{\lambda\alpha}\Gamma^\beta{}_{\mu\nu}\theta_{\alpha\beta}$ となる．局所ローレンツ系では $\Gamma^\lambda{}_{\mu\nu} = 0$ となるから，$\delta \Gamma^\lambda{}_{\mu\nu} = \Theta^\lambda{}_{\mu\nu}$ が得られる．

リッチテンソルの変分も局所ローレンツ系で計算しよう．(4.58) より

$$g^{\mu\nu}\delta R_{\mu\nu} = g^{\mu\nu}(\partial_\lambda \delta \Theta^\lambda{}_{\mu\nu} - \partial_\nu \delta \Theta^\lambda{}_{\mu\lambda})$$

である．右辺の項 $g^{\mu\nu}\partial_\nu \delta \Theta^\lambda{}_{\mu\lambda}$ において添字 ν と λ を交換し，$\partial_\lambda g^{\mu\nu} = 0$ を用いると

$$g^{\mu\nu}\delta R_{\mu\nu} = g^{\mu\nu}\partial_\lambda \delta \Theta^\lambda{}_{\mu\nu} - g^{\mu\lambda}\partial_\lambda \delta \Theta^\nu{}_{\mu\nu}$$

$$= \partial_\lambda (g^{\mu\nu}\delta \Theta^\lambda{}_{\mu\nu} - g^{\mu\lambda}\delta \Theta^\nu{}_{\mu\nu})$$

となる．ここで

$$Z^\lambda = g^{\mu\nu}\delta \Theta^\lambda{}_{\mu\nu} - g^{\mu\lambda}\delta \Theta^\nu{}_{\mu\nu}$$

とおくと，局所ローレンツ系で

$$g^{\mu\nu}\delta R_{\mu\nu} = \partial_\lambda Z^\lambda$$

と書ける．これを一般座標系に拡張すると共変微分を用いて

$$g^{\mu\nu}\delta R_{\mu\nu} = \nabla_\lambda Z^\lambda$$

と表せる．さらに，(4.38) と問 4.4 の結果を用いると

$$\nabla_\lambda Z^\lambda = \partial_\lambda Z^\lambda + \Gamma^\sigma{}_{\sigma\lambda}Z^\lambda$$

$$= \partial_\lambda Z^\lambda + \frac{1}{\sqrt{-g}}(\partial_\lambda \sqrt{-g})Z^\lambda$$

であるから

$$g^{\mu\nu}\delta R_{\mu\nu} = \frac{1}{\sqrt{-g}}\partial_\lambda(\sqrt{-g}\, Z^\lambda)$$

となり

$$\int g^{\mu\nu}\sqrt{-g}\,\delta R_{\mu\nu}d^4x = \int \partial_\lambda(\sqrt{-g}\,Z^\lambda)d^4x$$

を得る．この積分はガウスの積分定理を用いれば，4次元体積を囲む3次元超曲面上の積分に帰着でき，その上では変分 $\delta g_{\mu\nu} = 0$ であるから，積分も0となる．

したがって，(4.83) は

$$\delta S_g = \int \left(R_{\mu\nu} - \frac{1}{2}Rg_{\mu\nu} - \frac{1}{2}a_1\Lambda g_{\mu\nu}\right)\delta g^{\mu\nu}\sqrt{-g}\,d^4x \qquad (4.84)$$

となる．

一方，物質場の作用積分は，(4.73) の $T_{\mu\nu}$ から作られるスカラー $T_{\mu\nu}g^{\mu\nu}$ を用いて

$$S_{\mathrm{m}} = \int a_2 T_{\mu\nu}g^{\mu\nu}\sqrt{-g}\,d^4x \qquad (4.85)$$

と書ける．ただし，a_2 は定数である．変分は

$$\delta S_{\mathrm{m}} = \int a_2 T_{\mu\nu}\,\delta g^{\mu\nu}\sqrt{-g}\,d^4x \qquad (4.86)$$

である．

変分原理 $\delta S_g + \delta S_{\mathrm{m}} = 0$ は

$$\int \left(R_{\mu\nu} - \frac{1}{2}Rg_{\mu\nu} - \frac{1}{2}a_1\Lambda g_{\mu\nu} + a_2 T_{\mu\nu}\right)\delta g^{\mu\nu}\sqrt{-g}\,d^4x = 0$$

となり，$\delta g^{\mu\nu}$ は任意に取ることができるから

$$R_{\mu\nu} - \frac{1}{2}Rg_{\mu\nu} - \frac{1}{2}a_1\Lambda g_{\mu\nu} + a_2 T_{\mu\nu} = 0$$

が得られる．これを (4.80) と比べることにより

$$a_1 = -2, \qquad a_2 = -\frac{8\pi G}{c^4} \qquad (4.87)$$

と決められる.

結局，重力場の作用積分を

$$S_g = \int (R - 2\Lambda)\sqrt{-g}\, d^4x \tag{4.88}$$

とすれば，宇宙定数を含む重力場の方程式 (4.80) が導出できる.

4.8 重力波

電磁場が電磁波として伝わるのと同じように，時空のゆがみは重力場を伝播する．これを**重力波**という．ここではゆがみを摂動と見なし，重力場の方程式を線形近似して重力波を取り扱う．

計量テンソル $g_{\mu\nu}$ がミンコフスキーの計量 $\eta_{\mu\nu}$ からわずかにずれているとすれば

$$g_{\mu\nu} = \eta_{\mu\nu} + h_{\mu\nu}, \qquad |h_{\mu\nu}| \ll 1$$

であるから，$h_{\mu\nu}$ の1次までの近似でクリストフェル記号 (4.23) は

$$\Gamma^\lambda{}_{\mu\nu} = \frac{1}{2}(\partial_\mu h^\lambda{}_\nu + \partial_\nu h^\lambda{}_\mu - \eta^{\lambda\sigma}\partial_\sigma h_{\mu\nu})$$

となる．添字の上げ下げは $\eta^{\mu\nu}$ と $\eta_{\mu\nu}$ を用いて行われる．リッチテンソル (4.58) は

$$\begin{aligned}
R_{\mu\nu} &= \partial_\lambda \Gamma^\lambda{}_{\mu\nu} - \partial_\nu \Gamma^\lambda{}_{\mu\lambda} \\
&= \frac{1}{2}\partial_\lambda(\partial_\mu h^\lambda{}_\nu + \partial_\nu h^\lambda{}_\mu - \eta^{\lambda\sigma}\partial_\sigma h_{\mu\nu}) \\
&\qquad\qquad\qquad - \frac{1}{2}\partial_\nu(\partial_\mu h^\lambda{}_\lambda + \partial_\lambda h^\lambda{}_\mu - \eta^{\lambda\sigma}\partial_\sigma h_{\mu\lambda}) \\
&= \frac{1}{2}\left[\partial_\mu\left(\partial_\lambda h^\lambda{}_\nu - \frac{1}{2}\partial_\nu h\right) + \partial_\nu\left(\partial_\lambda h^\lambda{}_\mu - \frac{1}{2}\partial_\mu h\right) - \Box h_{\mu\nu}\right]
\end{aligned} \tag{4.89}$$

と書ける．ただし，$h = h^\lambda{}_\lambda$, $\Box = \eta^{\lambda\sigma}\partial_\lambda\partial_\sigma$ である．

ここで，微小量 ξ^μ だけずらす座標変換
$$x'^\mu = x^\mu + \xi^\mu$$
を考える．
$$\frac{\partial x^\nu}{\partial x'^\mu} = \delta_\mu{}^\nu - \partial_\mu \xi^\nu$$
であるから ξ^μ の2次以上を無視すると
$$\begin{aligned}
g'_{\mu\nu} &= g_{\lambda\rho} \frac{\partial x^\lambda}{\partial x'^\mu} \frac{\partial x^\rho}{\partial x'^\nu} \\
&= g_{\lambda\rho} (\delta^\lambda{}_\mu - \partial_\mu \xi^\lambda)(\delta^\rho{}_\nu - \partial_\nu \xi^\rho) \\
&= g_{\lambda\rho} \delta^\lambda{}_\mu \delta^\rho{}_\nu - g_{\lambda\rho} \delta^\lambda{}_\mu \partial_\nu \xi^\rho - g_{\lambda\rho} \delta^\rho{}_\nu \partial_\mu \xi^\lambda \\
&= g_{\mu\nu} - g_{\mu\lambda} \partial_\nu \xi^\lambda - g_{\nu\lambda} \partial_\mu \xi^\lambda
\end{aligned}$$
と書けて
$$h'_{\mu\nu} = h_{\mu\nu} - \partial_\mu \xi_\nu - \partial_\nu \xi_\mu \tag{4.90}$$
が得られる．これは電磁場のゲージ変換 (3.30) に対応するので，重力場のゲージ変換ともいわれる．(4.90) を用いると (4.89) の右辺第1項と第2項は
$$\partial_\lambda h'^\lambda{}_\mu - \frac{1}{2} \partial_\mu h' = \partial_\lambda h^\lambda{}_\mu - \frac{1}{2} \partial_\mu h - \Box \xi_\mu$$
と書けるので，右辺を0とするように ξ^μ を選ぶことができる．つまり，プライムをはずして
$$\partial_\lambda h^\lambda{}_\mu - \frac{1}{2} \partial_\mu h = 0 \tag{4.91}$$
という条件をつけることにする．これは電磁場におけるローレンスの条件 (3.28) に対応している．この4つの条件は (4.79) のところで述べた座標変換の4つの自由度に相当することを強調しておこう．

真空の重力場に対しては $R_{\mu\nu} = 0$ であるから条件 (4.91) を用いると (4.89) より

$$\Box h_{\mu\nu} = 0 \tag{4.92}$$

が得られる．これは波動方程式であり，時空のゆがみ $h_{\mu\nu}$ が光速 c で伝わることを表している．電磁場では電磁ポテンシャル A^μ であったものが，重力場では $h_{\mu\nu}$ になっていることに注意しよう．

(4.92) より $\Box h = 0$ となる．もし，$t=0$ においてすべての点で $h=0$，$\partial_0 h = 0$ であれば，$t>0$ でもすべての点で $h=0$ となるので，対角和が 0 となる束縛条件 $h = h^\lambda_\lambda = 0$ を課する．このとき，条件 (4.91) は

$$\partial_\lambda h^\lambda_\mu = 0 \tag{4.93}$$

と書ける．

さて，次に z 方向へ進む平面波を考える．波動方程式 (4.92) の解は

$$h_{\mu\nu} = a_{\mu\nu} \exp[i(\omega t - \kappa z)] = a_{\mu\nu} \exp[i\kappa(ct - z)] \tag{4.94}$$

と表せる．ここで，定数 $a_{\mu\nu}$ は波の振幅である．これを (4.93) に代入すると

$$a^3{}_\mu = a^0{}_\mu \tag{4.95}$$

となり，対称行列 $a_{\mu\nu}$ の独立な成分は6個に減じる．さらに，(4.90) と (4.92) より $\Box \xi^\mu = 0$ であるから b^μ を定数として

$$\xi^\mu = b^\mu \exp[i\kappa(ct - z)] \tag{4.96}$$

と書ける．このとき，重力場のゲージ変換 (4.90) は

$$a'_{00} = a_{00} - 2i\kappa b_0$$
$$a'_{0j} = a_{0j} - i\kappa b_j \quad (j = 1, 2)$$

となるので

$$b_0 = -i\frac{a_{00}}{2\kappa}, \qquad b_j = -i\frac{a_{0j}}{\kappa}$$

とおけば

$$a'_{0\mu} = 0 \quad (\mu = 0, 1, 2) \tag{4.97}$$

となる．最後に束縛条件 $h=0$ より

$$a_{22} = -a_{11} \tag{4.98}$$

が得られる．したがって，$a_{\mu\nu}$ の独立な成分は a_{11} と a_{12} の2個だけとなる．

振幅 $a_{\mu\nu}$ を行列で表記すると

$$a_{\mu\nu} = \begin{pmatrix} 0 & 0 & 0 & 0 \\ 0 & a_{11} & a_{12} & 0 \\ 0 & a_{12} & -a_{11} & 0 \\ 0 & 0 & 0 & 0 \end{pmatrix}$$

$$= a_{11} \begin{pmatrix} 0 & 0 & 0 & 0 \\ 0 & 1 & 0 & 0 \\ 0 & 0 & -1 & 0 \\ 0 & 0 & 0 & 0 \end{pmatrix} + a_{12} \begin{pmatrix} 0 & 0 & 0 & 0 \\ 0 & 0 & 1 & 0 \\ 0 & 1 & 0 & 0 \\ 0 & 0 & 0 & 0 \end{pmatrix}$$

である．図 4.3 に示すように，右辺第 1 項は z 軸に平行な円筒が x 軸と y 軸方向に伸び縮みするモードを，第 2 項は第 1 項とは 45° ずれた方向に伸び縮みするモードを表しており，電磁波の偏光に対応している．以上のことから，電磁波と同様に重力波も光速で伝わる横波であることがわかる．

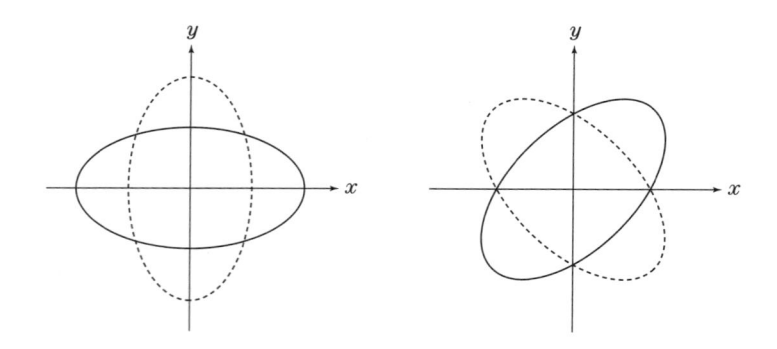

図 4.3 重力波の 2 つのモード

第 4 章のまとめ

●加速度運動を含む任意の運動をしている座標系において物理法則は同じ形で表されるとする一般相対性原理，および自由落下する系では一様な重力を消すことができるとする等価原理を与えた．[4.1 節]

- リーマン空間の基本的な量である計量テンソル $g_{\mu\nu}$ を導入し，それが重力場のポテンシャルと見なすことができることを示した．[4.2 節]
- 2 点間の距離が極値を取るという条件から測地線方程式を導出した．これはニュートンの運動方程式に相当するものである．[4.3 節]
- 曲がった時空においてベクトルを平行移動する条件を導き，共変微分を導入した．[4.4 節]
- 時空の曲がりを表すリーマンテンソルを導入し，その対称性を調べた．[4.5 節]
- ニュートンの重力ポテンシャルに対するポアソン方程式を拡張して，重力場の方程式，すなわちアインシュタイン方程式を導出した．[4.6 節]
- 時空のゆがみがわずかである場合，そのゆがみは重力波として光速で重力場を伝播することを示した．[4.8 節]

……アインシュタイン小伝 (4)……

　1912 年になるとアインシュタインの名声が高まり，ユトレヒト，ウィーン，ライデン，ベルリンの各大学から誘いが掛かるようになった．ETH の数学・物理学部門の学部長になっていたグロスマンからの打診に応じたことがきっかけとなり，ポアンカレ，マリー・キュリーの推薦もあって，8 月に母校 ETH の教授としてチューリッヒに戻った．解析力学，熱の分子理論，物理学演習などの科目を担当し，熱意を持って学生を指導した．グロスマンの助力でリーマン幾何とテンソル代数に励み，翌年『一般相対論および重力論の草案』を共著で発表したが，ニュートンの重力ポテンシャルに関するポアソン方程式を一般共変な形に拡張する点で行き詰まってしまった．
　1913 年春にはプランクとネルンストがアインシュタインのもとを訪れて，プロシア科学アカデミー特別俸給付会員，ベルリン大学の講義義務のない教授職，および設立予定のカイザー・ヴィルヘルム物理学研究所の所長職という《ベルリン》か

らの申し出を伝えた．この夏，息子ハンスを連れたアインシュタインは，娘イレーヌとエーヴを伴って来たマリー・キュリーとエンガディン地方の野山を歩き回りながら，自由落下するエレベーターについて議論した．9月にウィーンで開催された国際会議で『重力の問題の現状』について講演し，ウィーン近郊に住んでいた75歳のマッハを訪問した．12月，《ベルリン》からの申し出を受諾し，1914年4月に妻子とベルリンへ移るが，すぐにミレーヴァと別居，ミレーヴァと息子たちはチューリッヒに戻った．

　1914年7月2日，プロシア科学アカデミーでの就任講演で科学の研究に専念できる喜びを述べた．しかし，科学アカデミー会員になったことはドイツ国民になったことを意味する（スイス国籍を確保したままであった）．太陽による光の屈折を確認する目的で日食の観測隊がクリミア半島に派遣されたが，8月1日に第1次世界大戦が勃発したため，観測することはできなかった．

　1915年，ヨーロッパ文化を愛する人々の連携を訴えた「ヨーロッパ人への宣言」に署名．最初の政治的反戦声明になった．秋にはスイスに亡命していたロマン・ロランを訪ね反戦運動に荷担した．11月に論文『水星の近日点移動に対する一般相対性理論による説明』を発表し，1859年にルヴェリエによって発見された水星の近日点が100年で角度43秒前進するという問題に決着をつけた．11月25日に発表した論文で『重力場の方程式』を導出した．この方程式は非線形であるために解を求めることは難しいと考えられていたが，当時ロシア戦線に従軍していたカール・シュヴァルツシルトは静的球対称な場を仮定して最初の厳密解を得た．アインシュタインは1916年1月に科学アカデミーの会合で彼に代わって報告し，さらに，2月には非圧縮性流体球に関する厳密解を代読したが，ロシア戦線で被った病のため5月に死亡したシュヴァルツシルトを追悼する悲しい役目も果たさなければならなかった．

第5章

シュヴァルツシルト時空

第5章の学習目標
アインシュタイン方程式を解き，静的で球対称な時空の性質を理解する．

　アインシュタイン方程式は非線形方程式であるから，その厳密解を求めることは非常に難しい．しかし時空が静的，球対称であり，真空の場合には容易に解が得られる．それはシュヴァルツシルトの解といわれるものであり，太陽近傍の曲がった時空を表し，一般相対論の実験的検証に大きく貢献した．その表記が簡明であるため，ブラックホール周りの時空や事象の地平面を考察する際に有用となる．

5.1 シュヴァルツシルト計量

　静的，球対称な時空を考えよう．球座標で表した局所ローレンツ系の線素

$$ds^2 = -c^2 dt^2 + dr^2 + r^2 d\theta^2 + r^2 \sin^2\theta\, d\varphi^2 \tag{5.1}$$

を参考にして，静的，球対称な場合の一般的な線素を

$$ds^2 = -Ac^2 dt^2 + B\, dr^2 + Cr^2 d\theta^2 + Dr^2 \sin^2\theta\, d\varphi^2$$

と書こう．ここで，A, B, C, D は r だけの関数である．この線素は時間反転 $dt \to -dt$，および逆回転 $d\theta \to -d\theta, d\varphi \to -d\varphi$ に対してそれぞれ不変となっている．さらに，角度 θ と φ の選び方は任意であるから $C = D$ となる．

ここで新しい動径座標

$$\tilde{r} = \sqrt{C(r)}\, r$$

を導入する．これを微分すると

$$d\tilde{r} = \sqrt{C}\left(1 + \frac{r}{2C}\frac{dC}{dr}\right)dr$$

であるから

$$B\,dr^2 = \frac{B}{C}\left(1 + \frac{r}{2C}\frac{dC}{dr}\right)^{-2} d\tilde{r}^2$$

を得る．右辺 $d\tilde{r}^2$ の係数は $\tilde{r}$ だけの関数であるから，これを $\tilde{B}(\tilde{r})$ とすれば

$$ds^2 = -Ac^2\,dt^2 + \tilde{B}\,d\tilde{r}^2 + \tilde{r}^2(d\theta^2 + \sin^2\theta\,d\varphi^2)$$

となる．これは $C=1$ となるように動径座標の長さを選んだことに等しい．$\tilde{r}$ を再び r と書くと，線素は

$$ds^2 = -e^\nu c^2\,dt^2 + e^\lambda\,dr^2 + r^2(d\theta^2 + \sin^2\theta\,d\varphi^2) \tag{5.2}$$

と表せる．$\nu(r)$ と $\lambda(r)$ が求めるべき関数である．

計量テンソルの 0 でない成分は

$$g_{00} = -e^\nu, \qquad g_{11} = e^\lambda, \qquad g_{22} = r^2, \qquad g_{33} = r^2 \sin^2\theta$$

であり，その反変成分は

$$g^{00} = -e^{-\nu}, \qquad g^{11} = e^{-\lambda}, \qquad g^{22} = \frac{1}{r^2}, \qquad g^{33} = \frac{1}{r^2 \sin^2\theta}$$

である．これらを (4.23) に代入すると，クリストッフェル記号 $\Gamma^\lambda_{\mu\nu}$ の 0 でない成分として

$$\left.\begin{array}{l} \Gamma^0_{01} = \dfrac{\nu'}{2}, \qquad \Gamma^1_{00} = \dfrac{\nu'}{2}e^{\nu-\lambda}, \qquad \Gamma^1_{11} = \dfrac{\lambda'}{2} \\[6pt] \Gamma^1_{22} = -re^{-\lambda}, \qquad \Gamma^1_{33} = -r\sin^2\theta\, e^{-\lambda}, \qquad \Gamma^2_{12} = \Gamma^3_{13} = \dfrac{1}{r} \\[6pt] \Gamma^2_{33} = -\sin\theta\cos\theta, \qquad \Gamma^3_{23} = \cot\theta \end{array}\right\} \tag{5.3}$$

が得られる．ここで，プライムはrについての微分を表す．(4.58) からリッチテンソル $R_{\mu\nu}$ を計算する．例えば

$$\begin{aligned}
R_{00} &= \partial_\lambda \Gamma^\lambda{}_{00} + \Gamma^\lambda{}_{00}\Gamma^\rho{}_{\lambda\rho} - \Gamma^\lambda{}_{0\rho}\Gamma^\rho{}_{0\lambda} \\
&= \partial_1 \Gamma^1{}_{00} + \Gamma^1{}_{00}(\Gamma^0{}_{10} + \Gamma^1{}_{11} + \Gamma^2{}_{12} + \Gamma^3{}_{13}) \\
&\qquad\qquad\qquad\qquad\qquad - (\Gamma^0{}_{01}\Gamma^1{}_{00} + \Gamma^1{}_{00}\Gamma^0{}_{10}) \\
&= \frac{\nu''}{2}e^{\nu-\lambda} + \frac{\nu'}{2}(\nu'-\lambda')e^{\nu-\lambda} + \frac{\nu'}{2}e^{\nu-\lambda}\left(-\frac{\nu'}{2} + \frac{\lambda'}{2} + \frac{2}{r}\right) \\
&= \frac{1}{2}e^{\nu-\lambda}\left[\nu'' + \frac{\nu'(\nu'-\lambda')}{2} + \frac{2\nu'}{r}\right]
\end{aligned}$$

となる．同様にして他の成分も

$$R_{11} = \frac{1}{2}\left[-\nu'' - \frac{\nu'(\nu'-\lambda')}{2} + \frac{2\lambda'}{r}\right]$$

$$R_{22} = e^{-\lambda}\left[\frac{r(\lambda'-\nu')}{2} - 1\right] + 1$$

$$R_{33} = R_{22}\sin^2\theta$$

と書ける．さらに，スカラー曲率 (4.60) は

$$\begin{aligned}
R &= g^{\mu\nu}R_{\mu\nu} = g^{00}R_{00} + g^{11}R_{11} + g^{22}R_{22} + g^{33}R_{33} \\
&= e^{-\lambda}\left[-\nu'' - \frac{\nu'(\nu'-\lambda')}{2} + 2\frac{\lambda'-\nu'}{r} - \frac{2}{r^2}\right] + \frac{2}{r^2}
\end{aligned}$$

となる．これを (4.63) に代入してアインシュタインテンソル $G^\mu{}_\nu$ を求める．例えば

$$\begin{aligned}
G^0{}_0 &= -\frac{1}{2}e^{-\lambda}\left[\nu'' + \frac{\nu'(\nu'-\lambda')}{2} + \frac{2\nu'}{r}\right] \\
&\qquad + \frac{1}{2}e^{-\lambda}\left[\nu'' + \frac{\nu'(\nu'-\lambda')}{2} - 2\frac{\lambda'-\nu'}{r} + \frac{2}{r^2}\right] - \frac{1}{r^2} \\
&= -e^{-\lambda}\left(\frac{\lambda'}{r} - \frac{1}{r^2}\right) - \frac{1}{r^2}
\end{aligned} \tag{5.4}$$

が得られる．同様にして他の成分も

$$G^1{}_1 = e^{-\lambda}\left(\frac{\nu'}{r} + \frac{1}{r^2}\right) - \frac{1}{r^2} \tag{5.5}$$

$$G^2{}_2 = G^3{}_3$$
$$= \frac{1}{2}e^{-\lambda}\Bigl[\nu'' + \frac{\nu'(\nu'-\lambda')}{2} + \frac{\nu'-\lambda'}{r}\Bigr] \tag{5.6}$$

となる.

真空の時空では $T_{\mu\nu}=0$ であるから, (5.4), (5.5) より重力場の方程式 (4.79) は

$$e^{-\lambda}\Bigl(\frac{\lambda'}{r} - \frac{1}{r^2}\Bigr) + \frac{1}{r^2} = 0 \tag{5.7}$$

$$e^{-\lambda}\Bigl(\frac{\nu'}{r} + \frac{1}{r^2}\Bigr) - \frac{1}{r^2} = 0 \tag{5.8}$$

となる. このとき (5.6) の $G^2{}_2 = 0$ は自動的に満たされている.

問 5.1 (5.7), (5.8) は $G^2{}_2 = 0$ を満たすことを示せ.

(5.7) と (5.8) を加えると
$$\nu' + \lambda' = 0$$
であるから, Θ を t だけの関数として
$$\nu + \lambda = 2\,\Theta(t) \tag{5.9}$$
となる. しかし, 時間座標の選び方にはまだ任意性が残されているので
$$\tilde{t} = \int^t e^\Theta dt$$
のように変換することができる. つまり $\Theta = 0$ とおくことができ, $\tilde{t}$ を再び t と書く.

(5.7) を変形すると
$$\frac{d}{dr}(e^{-\lambda}r) = 1$$
であるから, 積分して

$$e^{-\lambda} = e^{\nu} = 1 - \frac{r_g}{r} \tag{5.10}$$

を得る．ただし r_g は定数であり，重力場が弱いとき g_{00} がニュートンの重力ポテンシャルで近似できることから決定される．すなわち，質量 M の物体の重力ポテンシャルは $\phi = -GM/r$ で与えられ，(4.68) より

$$g_{00} = -e^{\nu} = -1 - \frac{2}{c^2}\phi$$

であるから

$$r_g = \frac{2GM}{c^2} \tag{5.11}$$

を得る．この r_g は質量 M の物体の**重力半径**，あるいは**シュヴァルツシルト半径**といわれる．

結局，線素

$$ds^2 = -\left(1 - \frac{r_g}{r}\right)c^2\,dt^2 + \frac{1}{1 - r_g/r}\,dr^2 + r^2\,d\theta^2 + r^2\sin^2\theta\,d\varphi^2 \tag{5.12}$$

が得られる．これを**シュヴァルツシルトの解**，あるいは**シュヴァルツシルト計量**という．

問 5.2 太陽の質量と半径は $M_\odot = 1.99 \times 10^{30}$ kg, $R_\odot = 6.96 \times 10^8$ m である．太陽の重力半径，および実際の半径との比を求めよ．

問 5.3 計量が時間に依存していても，球対称性を常に保持するならば，その時空はシュヴァルツシルト計量で記述されることを示せ．これを**バーコフの定理**という．

計量 (5.12) から容易にわかるように，この解は $r \to \infty$ でミンコフスキー空間に帰着する．したがって，時間座標 t は無限遠に静止している観測者の時計で測定されるものである．$dr = d\theta = d\varphi = 0$ とおくと

5. シュヴァルツシルト時空

$$ds^2 = g_{00}c^2\,dt^2$$

である.一方,固有時は $ds^2 = -c^2 d\tau^2$ で与えられるから

$$d\tau = \sqrt{-g_{00}}\,dt = \sqrt{1 - \frac{r_g}{r}}\,dt \tag{5.13}$$

となる.つまり,無限遠にある時計に比べると,強い重力場内に置かれた時計には遅れが生じることになる.

光の振動数は単位時間に発せられた波の個数であるから,時計の遅れは振動数のずれとして観測されるはずである.重力場内の光源から発せられた光の振動数を ν_0,それを無限遠で観測したときの振動数を ν とすれば

$$\frac{\nu}{\nu_0} = \frac{1/\Delta t}{1/\Delta \tau} = \sqrt{1 - \frac{r_g}{r}} \tag{5.14}$$

となり,それぞれの波長で表すと

$$\frac{\lambda}{\lambda_0} = \frac{1}{\sqrt{1 - r_g/r}} \tag{5.15}$$

となる.強い重力場からの光は,その波長が長くなる.これを**重力赤方偏移**という.

例:地球の重力によるスペクトル偏移

地表の点を A,そこからの高さ h の点を B とし,それらの点の固有時を τ_A, τ_B とする.B から発した波長 λ_B の光は A では波長 λ_A で測定され,それらは

$$\frac{\lambda_A}{\lambda_B} = \frac{d\tau_A}{d\tau_B} = \sqrt{\frac{-g_{00}(A)}{-g_{00}(B)}}$$

となる.弱い重力場の近似では (4.68) より

$$g_{00} = -1 - \frac{2}{c^2}\phi$$

であるから

$$\frac{\lambda_A}{\lambda_B} \simeq 1 + \frac{1}{c^2}(\phi_A - \phi_B)$$

と書ける．ここで，赤方偏移を

$$z = \frac{\lambda_A - \lambda_B}{\lambda_B}$$

とする．点 B の単位質量当りの重力ポテンシャルは $\phi_B = gh$ であるから，$z = -gh/c^2$ となる．ただし，g は重力加速度である．点 B から発せられた光を地表 A で観測するとスペクトルは青方へ偏移する．

実際に 1960 年にこれを実証する実験があり，^{57}Fe の 14.4 keV の γ 線を共鳴吸収させて行われた．$h = 22$ m の場合，青方偏移は 2.5×10^{-15} であるが，このわずかな偏移が測定された．等価原理の実験的検証の一つである．

5.2 シュヴァルツシルトブラックホール

シュヴァルツシルト時空において動径方向に進む光を考えよう．(5.12) で $ds = d\theta = d\varphi = 0$ とおくと

$$\frac{dr}{dt} = \pm c \left(1 - \frac{r_g}{r}\right) \tag{5.16}$$

である．ここで，＋符号は外向き，－符号は内向きの光に対応している．光の速さは $r \to \infty$ で c であるが，$r \to r_g$ で 0 となる．領域 $r > r_g$ の点 r_1 から発せられた光が遠方の r の点に達するまでの時間 t は (5.16) を積分して

$$ct = r - r_1 + r_g \ln \frac{r - r_g}{r_1 - r_g} \tag{5.17}$$

で与えられる．$r_1 \to r_g$ のとき $t \to \infty$ となるから，r_g の近くから発せられた光が遠方の観測者に届くのに無限に長い時間を要する．$r = r_g$ の面を**事象の地平面**という．地平面までの事象を見ることはできるが，その先は見ること

140　5. シュヴァルツシルト時空

ができないからである．このため地平面内部の領域を**ブラックホール**という．

> **例：脱出速度**
>
> 　ニュートン力学では質点の運動エネルギーと重力ポテンシャルの和が0または正である場合，質点は質量 M の物体の重力を脱して無限遠に達することができる．つまり
>
> $$\frac{1}{2}v^2 - \frac{GM}{r} \geq 0$$
>
> である．
> 　したがって，脱出速度は
>
> $$v_{\mathrm{esc}} = \sqrt{\frac{2GM}{r}}$$
>
> で与えられ，M を固定すると，$r \to 0$ で $v_{\mathrm{esc}} \to \infty$ となる．v_{esc} の上限を c で抑えると，光が脱出可能な領域は
>
> $$r \geq r_g = \frac{2GM}{c^2}$$
>
> となる．

　線素 (5.12) は $r < r_g$ で特異な振舞をする．この領域では $g_{00} > 0$, $g_{11} < 0$ となり，ct 軸は空間的，r 軸は時間的になってしまう．これを避けるために

$$ds^2 = -\left(1 - \frac{r_g}{r}\right)c^2\,dt^2 + f^2(\chi)(d\chi^2 + \chi^2\,d\theta^2 + \chi^2 \sin^2\theta\,d\varphi^2) \tag{5.18}$$

の形の線素を考えよう．(5.12) と比べると

$$r^2 = f^2\chi^2, \qquad \frac{dr^2}{1 - r_g/r} = f^2\,d\chi^2$$

であるから
$$\pm\frac{dr}{r\sqrt{1-r_g/r}} = \frac{d\chi}{\chi}$$
となる．これを積分すると
$$\pm\ln\left(\sqrt{r^2-r_gr}+r-\frac{r_g}{2}\right) = \ln\chi + C$$
である．ただし，C は積分定数である．この解は $r\to\infty$ で
$$\pm\ln 2r = \ln\chi + C$$
と書ける．十分遠方の時空はミンコフスキー計量で表されるから，$\chi\to r$ となる．したがって，正の符号を取り
$$C = \ln 2$$
となるから
$$\sqrt{r^2-r_gr}+r-\frac{r_g}{2} = 2\chi$$
が得られる．さらに
$$r^2-r_gr = \left(2\chi-r+\frac{r_g}{2}\right)^2$$
を解くと
$$r = \chi\left(1+\frac{r_g}{4\chi}\right)^2 \tag{5.19}$$
である．

$f = r/\chi$ であるから
$$ds^2 = -\frac{(1-r_g/4\chi)^2}{(1+r_g/4\chi)^2}c^2\,dt^2 + \left(1+\frac{r_g}{4\chi}\right)^4(d\chi^2+\chi^2\,d\theta^2+\chi^2\sin^2\theta\,d\varphi^2) \tag{5.20}$$

が得られる．事象の地平面は $\chi = r_g/4$，つまり $r = r_g$ であるが，そこでの特異性はなくなり，原点 $\chi = 0$ を除くすべての領域で $g_{00} \leq 0$，$g_{11} > 0$ が保たれている．右辺第 2 項（$d\chi^2 + \cdots$）の部分がユークリッド空間における球座

標系の計量と同じ形をしているので，(5.20) は等方座標でのシュヴァルツシルト計量といわれる．

動径方向外向きに進む光については

$$\frac{d\chi}{dt} = c\frac{1 - r_g/4\chi}{(1 + r_g/4\chi)^3} \quad (5.21)$$

である．$\chi = r_g/4$ では $d\chi/dt = 0$ となるから，無限遠に静止している観測者から見ると光の速さは 0 となる．

事象の地平面の内側で，(5.21) を χ_1 から χ_2 まで積分すると

$$ct = \left[r_g \ln \chi - \chi - \frac{r_g^2}{16\chi} - 2r_g \ln\left(\frac{r_g}{4} - \chi\right)\right]_{\chi_1}^{\chi_2} \quad (5.22)$$

が得られる．$\chi_2 \to r_g/4$ のとき $t \to \infty$ となる．地平面の内部 χ_1 から発せられた光は地平面に達するのに無限大の時間がかかってしまい，外部に出ることができない．

5.3 質点の運動

4.3 節で述べたように，質点の運動方程式は時空の測地線方程式に一致し，径路に沿ったパラメーター λ を固有時 τ とすると，$L = -(1/2)\sigma^2$ とおくことができる（問 4.5 参照）．したがって，シュヴァルツシルト時空における測地線方程式は計量 (5.12) を用いて

$$2L = -\left(1 - \frac{r_g}{r}\right)c^2\dot{t}^2 + \frac{1}{1 - r_g/r}\dot{r}^2 + r^2\dot{\theta}^2 + r^2\sin^2\theta\dot{\varphi}^2 \quad (5.23)$$

から導出される．ここで，ドットは固有時 τ についての微分を表す．

t, θ, φ に関するラグランジュ方程式はそれぞれ

$$\frac{d}{d\tau}\left[\left(1 - \frac{r_g}{r}\right)\dot{t}\right] = 0 \quad (5.24)$$

$$\frac{d}{d\tau}(r^2 \sin^2\theta\,\dot\varphi) = 0 \tag{5.25}$$

$$\frac{d}{d\tau}(r^2\dot\theta) = r^2 \sin\theta \cos\theta\,\dot\varphi^2 \tag{5.26}$$

と書ける．(5.26) より初期条件 $\tau=0$ で $\theta=\pi/2, \dot\theta=0$ とおくと，常に $\theta=\pi/2$ となる特解があることがわかる．そこで $\theta=\pi/2$ とおく．つまり質点は平面運動をする．このとき (5.24)，(5.25) を積分して

$$\left(1 - \frac{r_g}{r}\right)\dot t = b \tag{5.27}$$

$$r^2\dot\varphi = h \tag{5.28}$$

を得る．ここで b と h は定数である．

$2L = -(ds/d\tau)^2 = -c^2$ であるから (5.23) は

$$-\left(1 - \frac{r_g}{r}\right)c^2\dot t^2 + \frac{1}{1 - r_g/r}\dot r^2 + r^2\dot\varphi^2 = -c^2 \tag{5.29}$$

と書ける．これに (5.27)，(5.28) を代入すると

$$\dot r^2 - b^2 c^2 + \frac{h^2}{r^2}\left(1 - \frac{r_g}{r}\right) = -c^2\left(1 - \frac{r_g}{r}\right)$$

となるから

$$\frac{1}{2}\dot r^2 + V(r) = \frac{1}{2}c^2(b^2 - 1) \tag{5.30}$$

$$V(r) = -\frac{GM}{r} + \frac{h^2}{2r^2} - \frac{r_g h^2}{2r^3} \tag{5.31}$$

が得られる．$V(r)$ は**有効ポテンシャル**といわれる．

ここで

$$E = \frac{1}{2}c^2(b^2 - 1)$$

とおくと

$$\dot r^2 = 2[E - V(r)]$$

5. シュヴァルツシルト時空

となり，ニュートン力学における惑星運動の場合に類似していることがわかる．実際，ポテンシャル (5.31) の第 1 項はニュートンの重力ポテンシャル，第 2 項は遠心力のポテンシャルである．第 3 項が一般相対論に特有の項で，時空の曲がりによる重力を表している．もし，この項がなければ，$h \neq 0$ である限り，落下してきた質点は必ず遠心力の壁に当たって跳ね返されるのであるが，この項は引力としてはたらき，$r \to 0$ で第 2 項より大きくなり落下運動を推進する．

(5.31) の微分

$$\frac{dV}{dr} = \frac{GM}{r^2} - \frac{h^2}{r^3} + \frac{3r_g h^2}{2r^4} = 0$$

を用いると，いくつかの h の値について有効ポテンシャル $V(r)$ を図 5.1 のように描くことができる．運動の特徴を以下にまとめる．

（1） $h > 2r_g c$ の場合：

$$r = 2r_g \left[1 \pm \sqrt{1 - \frac{4r_g^2 c^2}{h^2}} \right]^{-1}$$

で $V = 0$ となる．$V > 0$ の領域が存在し，無限遠から落下してきた質点は遠心力の壁で跳ね返される．

（2） $h = 2r_g c$ の場合：$r = 2r_g$ で V の極大値は 0 となる．

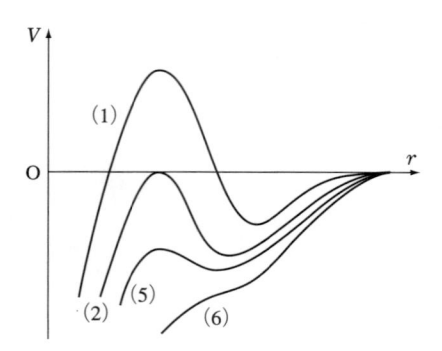

図 5.1 有効ポテンシャル

（3） $h < 2r_g c$ の場合：$E > 0$ である質点も遠心力の壁に当たることなく必ず中心に落下する．

（4） $h > \sqrt{3}\, r_g c$ の場合：

$$r_\pm = 3r_g \left[1 \pm \sqrt{1 - \frac{3r_g^2 c^2}{h^2}}\right]^{-1}$$

で $dV/dr = 0$ となる．r_+ で V は極小となるから，$r = r_+$ は安定な円軌道である．一方，r_- で V は極大となり，不安定な円運動に対応する．

（5） $h > \sqrt{3}\, r_g c$ の場合：$V(r_-) > 0$ ならば $V(r_+) < E < 0$ の質点は束縛運動を行い，$V(r_-) < 0$ ならば $V(r_+) < E < V(r_-)$ の質点が束縛運動を行う．

（6） $h = \sqrt{3}\, r_g c$ の場合：$r = 3r_g$ で V の極大値と極小値が等しくなる．この半径より内側に安定な円軌道は存在しないので，$3r_g$ を最終安定軌道半径という．

（7） $h < \sqrt{3}\, r_g c$ の場合：V は単調増加関数となる．質点は常に引力を受けて中心に落下する．

> **例：GPS (Global Positioning System，全地球測位システム)**
>
> カーナビや携帯ナビなどに広く活用されている GPS には一般相対論が深く関わっている．GPS は 30 個の人工衛星から構成され，正確な原子時計を搭載した衛星は高度約 2 万 km の円軌道を 12 時間の周期で地球を回りながら，衛星自身の位置と時刻の情報を発信している．地上の観測者は衛星からの信号を受信し，自分の時計との時間差に光速を掛けて衛星までの距離を計算する．ある地点で少なくとも 4 個の衛星と交信すれば，観測者は自分の位置と時刻の 4 つの変数の値を正確に決定できる．
>
> ここで問題になることは人工衛星の時計の進み方が地上の時計とは異なることである．衛星は運動しているので，速度に依存する特殊相対論的な効果として，衛星の時計は地上に静止している時計よりも遅れる．一方，一般相対論的

な効果によって，地球中心からの距離が大きいので，重力は弱くなり，衛星の時計は地上の時計よりも早く進む．衛星の時計に対してこれらの補正をする必要がある．

実際，円運動の場合 (5.29) で $\dot{r} = 0$ とおけば，$\dot{\varphi} = \dot{t}\, d\varphi/dt$ であるから

$$\left(1 - \frac{r_g}{r}\right)\dot{t}^2 - \beta^2 \dot{t}^2 = 1, \qquad \beta = \frac{r}{c}\frac{d\varphi}{dt}$$

が得られる．すなわち

$$d\tau = \left(1 - \frac{r_g}{r} - \beta^2\right)^{1/2} dt \tag{5.32}$$

である．ただし，dt は無限遠方にある時計の進みである．この式を

$$d\tau \simeq \sqrt{1 - \beta^2}\sqrt{1 - \frac{r_g}{r}}\, dt$$

と書こう．衛星は円運動をしているので，慣性系ではないから特殊相対論は適用できないが，右辺の最初の因子が速度に依存する特殊相対論的な進み (1.34)，次の因子が重力に依存する進み (5.13) に相当している．

地上の時計に対しては，(5.32) で $r = R$, $\beta = 0$ とおいて

$$d\tau_{\rm E} = \sqrt{1 - \frac{r_g}{R}}\, dt$$

である．ここで R は地球の半径である．したがって，衛星の時計は

$$d\tau = \frac{\sqrt{1 - r_g/r - \beta^2}}{\sqrt{1 - r_g/R}}\, d\tau_{\rm E}$$

となるから，時間差は

$$d\tau - d\tau_{\rm E} \simeq \left[-\frac{1}{2}\beta^2 + \frac{1}{2}r_g\left(\frac{1}{R} - \frac{1}{r}\right)\right] d\tau_{\rm E}$$

と近似できる．

地球の質量は $6.0 \times 10^{24}\,{\rm kg}$, 半径は $6400\,{\rm km}$ である．人工衛星の軌道半径 $2.7 \times 10^4\,{\rm km}$ に対する円運動の速さは $3.9\,{\rm km/s}$ となる．したがって，時間差

における速度の項は -8.3×10^{-11}, 重力の項は 5.3×10^{-10} となり，衛星の時計の方が地上の時計より速く進むので，衛星の時計を毎秒当り 4.5×10^{-10} 秒だけ遅らせる必要がある．これは非常に小さい補正に見えるが，補正をせずに1時間も放置すると1.6マイクロ秒，距離にして480mのずれを生じてしまうのである．

GPS が正常に機能していることは一般相対論が正しいことの証でもある．

例：水星の近日点移動（その2）

2.9節で調べた水星の近日点移動を一般相対論の立場から考えよう．太陽の質量を M とすると，惑星は (5.31) のポテンシャルの中を運動する．(5.30) より運動方程式は

$$\ddot{r} = -\frac{dV}{dr} = -\frac{GM}{r^2} + \frac{h^2}{r^3} - \frac{3}{2}\frac{r_g h^2}{r^4}$$

と書ける．(5.28) より

$$\frac{d}{d\tau} = \frac{h}{r^2}\frac{d}{d\varphi}$$

であるから，$u = 1/r$ とおくと

$$\frac{d^2 r}{d\tau^2} = \frac{h}{r^2}\frac{d}{d\varphi}\left(\frac{h}{r^2}\frac{dr}{d\varphi}\right) = -h^2 u^2 \frac{d^2 u}{d\varphi^2}$$

となり，軌道の式は

$$\frac{d^2 u}{d\varphi^2} + u - \frac{3}{2}r_g u^2 = \frac{GM}{h^2} \tag{5.33}$$

と書ける．左辺の第3項を摂動として扱い，ニュートン力学の場合に似せて解を

$$u = \frac{1 + \varepsilon \cos(\chi\varphi + \alpha)}{l}$$

とおく．ただし，ε は離心率，α は定数である．

この解を (5.33) に代入すると

$$\frac{1}{l} + \frac{(1-\chi^2)\varepsilon}{l}\cos(\chi\varphi + \alpha)$$
$$- \frac{3r_g}{2l^2}[1 + 2\varepsilon\cos(\chi\varphi + \alpha) + \varepsilon^2\cos^2(\chi\varphi + \alpha)] = \frac{GM}{h^2}$$

と書ける．水星の場合は $\varepsilon = 0.206$ であるから ε^2 の項を無視し，r_g/l を微小として，各項を比べると

$$l = \frac{h^2}{GM}$$

$$\chi = \sqrt{1 - \frac{3r_g}{l}} \simeq 1 - \frac{3r_g}{2l}$$

を得る．惑星の近日点は $\chi\varphi = 2\pi$，すなわち

$$\varphi = \frac{2\pi}{\chi} \simeq 2\pi\left(1 + \frac{3}{2}\frac{r_g}{l}\right)$$

を満たす点にある．

したがって，1 公転ごとに近日点は

$$2\pi\frac{3}{2}\frac{r_g}{l} = 6\pi\left(\frac{GM}{hc}\right)^2 = 6\pi\frac{GM}{c^2 a(1-\varepsilon^2)}$$

だけ前進する．ここで，$a = h^2/[GM(1-\varepsilon^2)]$ は惑星軌道の長半径である．水星の場合，この値は 100 年間で 2.09×10^{-4} rad，すなわち 43.0" となり，見事に観測と一致した．一般相対論の実験的検証の 1 つである．

5.4 光の径路

光の径路に沿っては $ds^2 = -c^2 d\tau^2 = 0$ であるから，固有時 τ を使うことはできない．そこで適当なパラメーター λ を用いて径路を $x^\mu(\lambda)$ と表す．5.3 節と同様に，シュヴァルツシルト時空における測地線方程式は

$$\frac{d}{d\lambda}\left[\left(1 - \frac{r_g}{r}\right)\dot{t}\right] = 0 \tag{5.34}$$

$$\frac{d}{d\lambda}(r^2 \sin^2\theta \dot{\varphi}) = 0 \tag{5.35}$$

$$\frac{d}{d\lambda}(r^2 \dot{\theta}) = r^2 \sin\theta \cos\theta \, \dot{\varphi}^2 \tag{5.36}$$

である．ただし，ドットは λ についての微分を表す．(5.36) より $\theta = \pi/2$ とおくことができる．径路は xy 平面に限られる．さらに (5.34), (5.35) より b と h を定数として

$$\left(1 - \frac{r_g}{r}\right)\dot{t} = b \tag{5.37}$$

$$r^2 \dot{\varphi} = h \tag{5.38}$$

が得られる．

$d\tau = 0$ であるから，(5.29) の代わりは

$$-\left(1 - \frac{r_g}{r}\right)c^2 \dot{t}^2 + \frac{1}{1 - r_g/r}\dot{r}^2 + r^2 \dot{\varphi}^2 = 0 \tag{5.39}$$

と書ける．この式に (5.37), (5.38) を代入し，$u = 1/r$ とおくと

$$\left(\frac{du}{d\varphi}\right)^2 + u^2 - r_g u^3 = \frac{c^2 b^2}{h^2} \tag{5.40}$$

となる．これを φ で微分すると

$$\frac{d^2 u}{d\varphi^2} + u = \frac{3}{2} r_g u^2 \tag{5.41}$$

が得られる．このとき $du/d\varphi = 0$ も解となるが，この解は u が一定，すなわち r が一定となり，経路は円となる．したがって，この解は考えないこととする．(5.41) は質点に対する軌道の式 (5.33) において右辺を 0 としたものに帰着する．つまり，光に対しては $1/r^2$ に比例するニュートンの万有引力は作用せず，遠心力に相当する見かけの重力と時空の曲がりによる真の重力が作用していることを意味する．

(5.41) の右辺は左辺第 2 項と比べると r_g/r と同程度に小さいので，摂動

と見なして無視すると 0 次の式は

$$\frac{d^2u}{d\varphi^2} + u = 0$$

となり，解は

$$u = u_0 \sin\varphi \tag{5.42}$$

と書ける．ただし，u_0 は定数である．この解は x 軸に平行な直線 $y = r\sin\varphi = r_0 = 1/u_0$ を表す．r_0 を**衝突パラメーター**という．

摂動解を v とし，$u = u_0 \sin\varphi + v$ とおいて (5.41) に代入し，高次の項を無視すると

$$\frac{d^2v}{d\varphi^2} + v = \frac{3}{2} r_g u_0^2 \sin^2\varphi = \frac{3}{4} r_g u_0^2 (1 - \cos 2\varphi) \tag{5.43}$$

となる．この解は

$$v = \frac{3}{4} r_g u_0^2 + \frac{1}{4} r_g u_0^2 \cos 2\varphi \tag{5.44}$$

と表せる．したがって，(5.41) の解として

$$u = u_0 \sin\varphi + \frac{1}{4} r_g u_0^2 (3 + \cos 2\varphi) \tag{5.45}$$

が得られる．

問 5.4 微分方程式 (5.43) の解が (5.44) であることを確かめよ．

ここで $r \to \infty$，つまり $u \to 0$ の極限を考える．0 次の解 (5.42) では $\varphi = 0, \pi$，すなわち x 軸に相当する．時空の曲がりによって生じた解 (5.45) は，この直線からのずれを与える．屈折角をかなり誇張して描いているが，太陽の重力場における光の屈折を図 5.2 に示す．

$\varphi = 0$ からのずれを δ とし，$u = 0$ のとき $\varphi = \delta$ とおく．$\delta \ll 1$ であるから，$\sin\delta \simeq \delta$, $\cos 2\delta \simeq 1$ と近似できるので，(5.45) から

図5.2 光の屈折

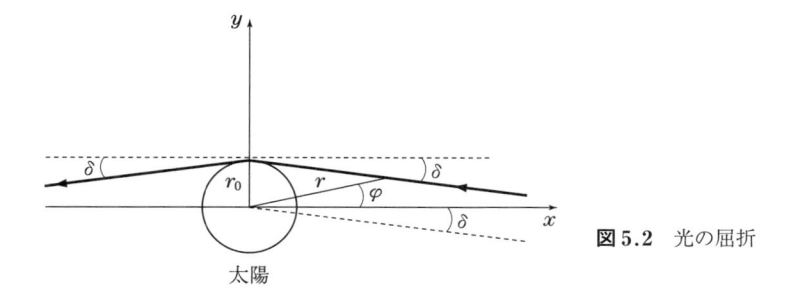

$$\delta = -r_g u_0$$

となる．径路は y 軸に関して対称であるから，曲げられる角は全体で $2|\delta|$ である．これを重力場における**光の屈折**という．したがって，質量 M の物体の重力場において衝突パラメーター r_0 で入射した光の屈折角は

$$\Delta = \frac{4GM}{c^2 r_0} \tag{5.46}$$

となる．

太陽の縁をちょうどかすめる光に対しては $M = 1 M_\odot$, $r_0 = 1 R_\odot$ を代入すると，$\Delta = 8.51 \times 10^{-6}$ rad, すなわち $1.75"$ が得られる．皆既日食のときに太陽のすぐ近くに見られる星の写真を太陽がそこにない時期に撮影した写真と比較することによって，星の位置のずれ Δ が測定できる．1919 年 5 月の皆既日食の際に予測された Δ の値が確認された．これが，一般相対論の最初の実験的検証である．

―― 例：重力レンズ ――

銀河 G および遠方の光源天体 S と観測者 O で作る平面を考える．図 5.3 に示すように，光源を発した光は銀河の重力場において曲げられ，像は P_1 に見られる．銀河までの距離を D_g，光源までの距離を D_s とする．D_g および D_s が非常に大きく，銀河と光源は点として扱うことができるので，銀河の重力場におけ

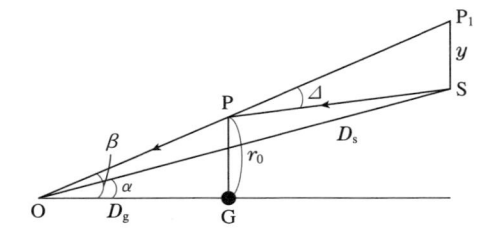

図 5.3　重力レンズ

る屈折角 Δ は (5.46) で与えられる．

OG に対して OS および OP$_1$ のなす角 α および β が十分に小さいとすると，距離 $\overline{\mathrm{GP}}$ は

$$r_0 = \beta D_\mathrm{g}$$

であり，距離 $\overline{\mathrm{SP}_1}$ は

$$y = (\beta - \alpha)D_\mathrm{s} = \Delta(D_\mathrm{s} - D_\mathrm{g})$$

である．これらの積を取れば

$$(\beta - \alpha)\beta = \Delta \frac{D_\mathrm{s} - D_\mathrm{g}}{D_\mathrm{s}} \frac{r_0}{D_\mathrm{g}}$$

となり，

$$\beta_0^2 = r_0 \Delta \frac{D_\mathrm{s} - D_\mathrm{g}}{D_\mathrm{s} D_\mathrm{g}}$$
$$= \frac{4GM}{c^2} \frac{D_\mathrm{s} - D_\mathrm{g}}{D_\mathrm{s} D_\mathrm{g}}$$

とおけば

$$\beta^2 - \alpha\beta - \beta_0^2 = 0$$

が得られる．したがって，像の方向は

$$\beta = \frac{1}{2}(\alpha \pm \sqrt{\alpha^2 + 4\beta_0^2}) \tag{5.47}$$

となる．解が 2 つあるのは，O と G を結ぶ線に対して上方と下方に像ができるからである．

このような現象を**重力レンズ**という．得られた複数の像を用いると α と β_0

の値を決めることができる．第7章で述べるように，銀河や光源天体までの距離はハッブルの法則からわかるので，β_0の値から銀河の質量Mを求めることができる．

銀河GとS光源の方向が重なった場合，つまり$\alpha = 0$のときは$\beta = \beta_0$となり，リング状の像が得られる．これをアインシュタインリングという．

問 5.5 銀河の典型的な質量は$10^{11} M_\odot$である．$r_0 = 10^{20}$ mとするとき，光の屈折角$\varDelta$はいくらか．

5.5 クルスカル座標

シュヴァルツシルト計量 (5.12) は$r = r_g$で$g_{00} = 0$, $g_{11} = \infty$という特異性を示す．しかし，この特異性は座標系の選び方によるものである．例えば，等方座標 (5.20) では$r = r_g$の特異性はなくなり，原点だけが特異点となる．ここでは事象の地平面$r = r_g$近傍やそこを通過する現象を扱う際に有用となるクルスカル座標を導入する．

さて，以下の座標変換を考える．$r > r_g$の領域では

$$\left.\begin{aligned} u &= \sqrt{\frac{r}{r_g} - 1} \exp \frac{r}{2r_g} \cosh \frac{ct}{2r_g} \\ v &= \sqrt{\frac{r}{r_g} - 1} \exp \frac{r}{2r_g} \sinh \frac{ct}{2r_g} \end{aligned}\right\} \quad (5.48)$$

$r < r_g$の領域では

$$\left.\begin{aligned} u &= \sqrt{1 - \frac{r}{r_g}} \exp \frac{r}{2r_g} \sinh \frac{ct}{2r_g} \\ v &= \sqrt{1 - \frac{r}{r_g}} \exp \frac{r}{2r_g} \cosh \frac{ct}{2r_g} \end{aligned}\right\} \quad (5.49)$$

この変換により (5.12) はrの全領域で

154   5. シュヴァルツシルト時空

$$ds^2 = \frac{4r_g^3}{r}\exp\left(-\frac{r_g}{r}\right)(-dv^2 + du^2) + r^2 d\theta^2 + r^2 \sin^2\theta\, d\varphi^2$$

(5.50)

となる．特異点は原点 $r = 0$ だけであり，$r = r_g$ の特異性が除去されたことに注意しよう．

図 5.4 に示すような (u, v) 平面を考える．(5.48), (5.49) より

$$u^2 - v^2 = \left(\frac{r}{r_g} - 1\right)\exp\frac{r}{r_g}$$

であるから，r が一定の線は $u^2 - v^2$ が一定の双曲線である．事象の地平面 $r = r_g$ は $v = \pm u$ の直線，原点 $r = 0$ は $v = \sqrt{u^2 + 1}$ の双曲線に対応する．同じように

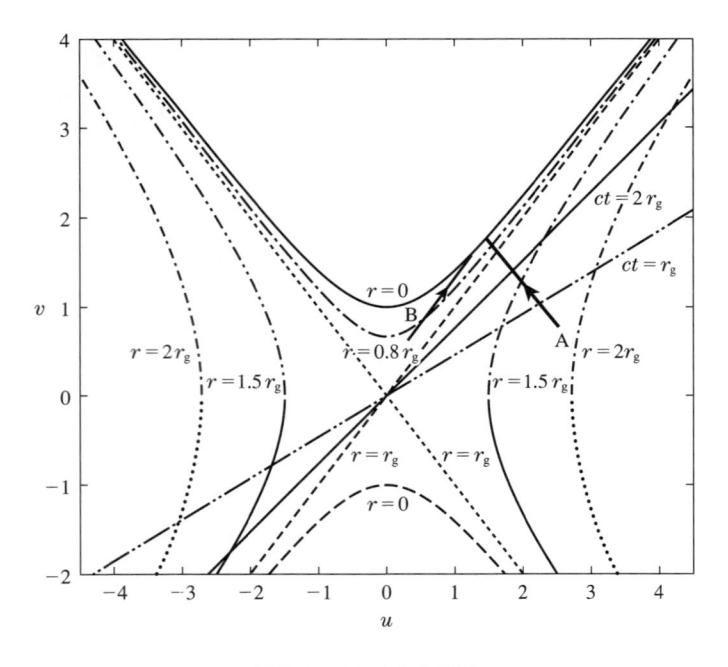

図 5.4   クルスカル座標

$$\frac{v}{u} = \tanh\frac{ct}{2r_g} \quad (r > r_g)$$

$$\frac{u}{v} = \tanh\frac{ct}{2r_g} \quad (r < r_g)$$

であるから，t が一定となる線は原点を通る u/v が一定の放射状の直線であり，$t = -\infty$ は $v = -u$，$t = \infty$ は $v = u$ の直線である．$t = 0$ の点は $r > r_g$ では $v = 0$，$r < r_g$ では $u = 0$ に対応する．

光の径路は

$$\frac{dv}{du} = \pm 1$$

であるから，特殊相対論の場合と同じように，光は傾き 45° の直線上を進む．したがって，$r > r_g$ の点 A から内向きに発せられた光は $r = r_g$ の面を通過して $r = 0$ の点に有限の v の値で達する．一方，$r < r_g$ の点 B から外向きに発せられた光は $r = r_g$ の面を越えることなく $r = 0$ の点に戻ってしまう．事象の地平面 $r = r_g$ の内部をブラックホールということが理解されるであろう．

第 5 章のまとめ

- 時空が静的，球対称であり，真空の場合，重力場の方程式の厳密解であるシュヴァルツシルト計量を導出した．[5.1 節]
- シュヴァルツシルト時空で $r = r_g$ に現れた特異性を考察した．その面は事象の地平面であり，その内側の領域がブラックホールである．[5.2 節]
- 測地線方程式を導き，有効ポテンシャルを用いて質点の運動を定性的に調べ，安定な円軌道の半径を求めた．[5.3 節]
- 重力場が弱い場合，光の径路に対する摂動解を求め，重力場において光が屈折することを示した．[5.4 節]
- クルスカル座標を導入すると，シュヴァルツシルト時空における $r = r_g$ の

特異性を避けることができることを示し，r_g 近傍やそこを通過する光の径路を調べ，ブラックホールの意味することを確認した．[5.5 節]

······ アインシュタイン小伝 (5) ······

1916 年 3 月 20 日に論文『一般相対性理論の基礎』が受理された．この 53 ページにおよぶ論文で，物理法則の一般共変性，テンソル代数や測地線方程式について議論を展開したのち，重力場の方程式を導き，第 1 近似の解を用いて太陽のそばを通過する光の屈折角 1.7 秒を予言した．また，『重力場の方程式の近似的積分』では重力波について，『ハミルトン原理と一般相対性理論』ではエネルギー運動量の保存則について言及した．5 月にアインシュタインはプランクの後継者としてドイツ物理学会の会長に就任した．量子論への情熱を失うことなく，この年に発表した『量子論による輻射の放出と吸収』と『輻射の量子論について』の論文において，自発および誘導輻射遷移の係数を導入した．

1917 年に書籍『特殊および一般相対性理論 – 通俗的解説 –』が出版された（この本は多くの外国語に訳され，英語訳は 1920 年，日本語訳は 1973 年『わが相対性理論』として出版された）．2 月にアインシュタインは論文『一般相対性理論についての宇宙論的考察』を発表し，静的で閉じた宇宙モデルを作るために重力場の方程式に宇宙定数を含む項を導入した．この頃，ひどい肝臓病と胃潰瘍を患ったが，母方の従姉であるエルザ・アインシュタイン・レーヴェンタールの世話によって少し回復した．ド・シッターが密度が 0 である空虚な宇宙に対して空間が膨張するというマッハ原理に反する解を見つけた．10 月 1 日には，カイザー・ヴィルヘルム物理学研究所（現マックス・プランク研究所の前身）の所長に就任した．

1918 年 11 月 11 日に休戦協定が調印されて第 1 次世界大戦が終結した．1919 年 2 月 14 日，将来ノーベル賞を受けた際の賞金を贈るという条件でミレーヴァと離婚した．5 月 29 日の皆既日食をアーサー・エディントンの率いるイギリス遠征隊がギニアの海岸沖のプリンシペ島とブラジルのソブラルで観測した．6 月 2 日にエルザと結婚した．11 月 6 日，ロンドンで開かれた王立協会と王立天文学会の合同集会にて，太陽による光の屈折がアインシュタインの予言を立証するものであると公表された．このニュースが各国の新聞で報じられると，アインシュタインは一躍世界

的著名人となった．年齢や性別を問わず，すべての人が驚異の念でこの理論に注目した．11月28日付のロンドン・タイムズ紙への寄稿で，アインシュタインは「相対性理論が好評を博している間，私はドイツではドイツ人，イギリスではスイス系ユダヤ人とよばれています．もし私が嫌われ者になれば，ドイツではスイス系ユダヤ人，イギリスではドイツ人とよばれるであろう」と書いた．

1920年3月に母親が死亡した．6月にベルリンを訪れてきたニールス・ボーアと初めて会った．10月にエーレンフェストのいるライデン大学の客員教授に就任し，以後1925年まで毎年のようにライデン大で特別講義を行った．

名声が高くなるにつれて嫉妬の渦が大きくなるのは世の常である．アインシュタインの徹底した反軍国主義はドイツにおける国粋主義者の格好の標的であった．1920年にベルリン大学での講演途中に妨害があったり，「相対性理論に反対する集会」が開かれたりした．ナチスの台頭と共に反ユダヤ主義も一層激しさを増していった．

1921年4月にアメリカを訪問し，コロンビア，シカゴ，ボストン，プリンストンの各大学で講義を行った．プリンストン大での4つの講義は著作『相対論の意味』として出版された．第2版以降では付録が改訂され，最終第5版は死後1955年に発行された．

第6章 相対論的高密度星

第6章の学習目標
特殊相対論と一般相対論が星の構造を決める際に果たす役割を理解する．

質量 M，半径 R の天体に対して重力エネルギーと静止エネルギーの比

$$f = \frac{GM}{Rc^2} \tag{6.1}$$

を考えてみよう．一般に $f \ll 1$ である限り，天体の構造はニュートン力学で記述できるが，$f \simeq 1$ となるにつれて一般相対論の効果が大きくなってくる．ただし，天体の物理的構造は状態方程式に大きく左右される．星の場合，f の増加に対応して，通常の恒星，白色矮星，中性子星の順で次第に重力の影響が大きくなる．ここでは，力学平衡にある星の構造と安定性を状態方程式との関連で調べる．特に，高密度星には状態方程式で決まる上限質量が存在することに言及する[1]．

6.1 ポリトロープ

球対称で静水圧平衡にある星の構造をニュートン力学で考えよう．ガスの密度を ρ とすると，半径 r の球に含まれる質量は

---

1) この章では慣例により cgs 単位系を採用する．

$$M_r = \int_0^r 4\pi r^2 \rho \, dr \tag{6.2}$$

であり，これを微分した形は

$$\frac{dM_r}{dr} = 4\pi r^2 \rho \tag{6.3}$$

である．

図 6.1 に示すように，半径 r と $r + dr$ の球殻で，底面積 dA の微小部分の質量は $dm = \rho \, dr \, dA$ であるから，内向きの重力は

$$-G\frac{M_r \, dm}{r^2}$$

である．r および $r + dr$ での圧力をそれぞれ P と $P + dP$ とすると，外向きの正味の力は $[P - (P + dP)]\, dA$ である．これらの力がつり合うとき

$$-dP \, dA - G\frac{M_r \, dm}{r^2} = 0$$

が成り立つ．すなわち

$$\frac{dP}{dr} = -G\frac{M_r \rho}{r^2} \tag{6.4}$$

である．これを静水圧平衡の式という．

(6.4) の M_r を (6.3) に代入すると

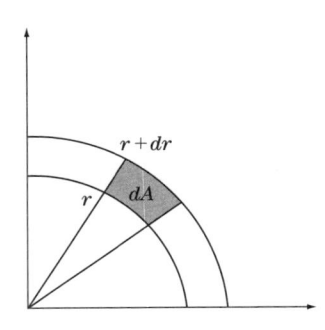

図 6.1 静水圧平衡

$$\frac{1}{r^2}\frac{d}{dr}\left(\frac{r^2}{\rho}\frac{dP}{dr}\right) = -4\pi G\rho \tag{6.5}$$

と書ける．これは2階常微分方程式であるから，状態方程式 $P(\rho)$ が与えられれば解くことができる．

ここで，**ポリトロープ**の状態方程式

$$P = K\rho^{1+1/N} \tag{6.6}$$

を導入する．ただし，K, N は定数であり，N はポリトロープ指数といわれる．(6.5) と (6.6) で求められた星をポリトロープという．さて

$$\rho = \rho_c \theta^N \tag{6.7}$$

とおくと

$$P = K\rho_c^{1+1/N}\theta^{N+1} = P_c\theta^{N+1} \tag{6.8}$$

と表せる．ρ_c と P_c は中心の密度と圧力である．したがって，(6.5) は

$$\left[\frac{(N+1)K}{4\pi G}\rho_c^{1/N-1}\right]\frac{1}{r^2}\frac{d}{dr}\left(r^2\frac{d\theta}{dr}\right) = -\theta^N \tag{6.9}$$

と書きかえられる．さらに，無次元の変数

$$\xi = \frac{r}{a} \tag{6.10}$$

を用い

$$a = \left[\frac{(N+1)K}{4\pi G}\rho_c^{1/N-1}\right]^{1/2} = \left[\frac{(N+1)}{4\pi G}\frac{P_c}{\rho_c^2}\right]^{1/2} \tag{6.11}$$

とおくと，(6.9) は

$$\frac{1}{\xi^2}\frac{d}{d\xi}\left(\xi^2\frac{d\theta}{d\xi}\right) = -\theta^N \tag{6.12}$$

となる．これを**レーン–エムデン方程式**という．境界条件は中心 $\xi = 0$ で $\theta = 1$, $d\theta/d\xi = 0$ である．

中心近傍で級数展開した解は

$$\theta = 1 - \frac{1}{3!}\xi^2 + \frac{N}{5!}\xi^4 - \frac{N}{3}\frac{8N-5}{7!}\xi^6 + \cdots$$

である．特に，$N = 0, 1, 5$ の場合には次の解析解がある．

$$\theta = \begin{cases} 1 - \frac{1}{6}\xi^2 & (N=0) \\ \frac{\sin\xi}{\xi} & (N=1) \\ \left(1 + \frac{1}{3}\xi^2\right)^{-1/2} & (N=5) \end{cases}$$

一般の N の場合には，レーン - エムデン方程式 (6.12) を中心 $\xi = 0$ から外側へ数値積分する．$N < 5$ の場合，解は減少関数となり，最初に $\theta = 0$ となる有限の値 ξ_1 が存在する．そこが星の表面に相当し，星の全質量と半径が

$$M = \left(\frac{N+1}{4\pi G^3}\frac{P_c^3}{\rho_c^4}\right)^{1/2}\phi_1 \tag{6.13}$$

$$R = \left(\frac{N+1}{4\pi G}\frac{P_c}{\rho_c^2}\right)^{1/2}\xi_1 \tag{6.14}$$

と求められる．ここで

$$\phi_1 = -(N+1)\xi_1^2\left.\frac{d\theta}{d\xi}\right|_{\xi=\xi_1}$$

である．ポリトロープ指数を与えた場合，数値積分して得られた ξ_1, ϕ_1 の値，および中心密度と平均密度の比

$$\frac{\rho_c}{\bar{\rho}} = \frac{(N+1)\xi_1^3}{3\phi_1}$$

を表 6.1 にまとめる．

表 6.1 ポリトロープの特徴的諸量

N	ξ_1	ϕ_1	$\rho_c/\bar{\rho}$
0	2.445	4.899	1.0
1.5	3.654	6.786	5.991
3	6.895	8.070	54.18
5	∞	10.39	∞

問 6.1 星の全質量は

$$M = \int_0^R 4\pi r^2 \rho \, dr$$

である．(6.7)，(6.10)，(6.12) を用いて，部分積分をすることにより

(6.13) を導け.

6.2 星の安定性

静水圧平衡にある星が安定に存在する条件を求めよう．簡単のためにポリトロープの状態方程式 (6.6) $P = K\rho^{\Gamma}$ を仮定する．ここで $\Gamma = 1 + 1/N$ である．内部エネルギー密度を u とすると

$$d\left(\frac{u}{\rho}\right) = -P\,d\left(\frac{1}{\rho}\right) = \frac{P}{\rho^2}\,d\rho$$

であるから

$$\frac{u}{\rho} = \frac{K}{\Gamma - 1}\rho^{\Gamma-1} \qquad (6.15)$$

となる．星の全内部エネルギーは

$$E_{\rm i} = \int_0^R 4\pi r^2 u\,dr \qquad (6.16)$$

であり，平均の内部エネルギーは

$$\left\langle \frac{u}{\rho} \right\rangle = \frac{E_i}{M}$$

である．一方，自己重力エネルギーは

$$E_{\rm G} = -\int_0^M \frac{GM_r}{r}\,dM_r \qquad (6.17)$$

であり，密度分布によって決まる1程度の数因子を α_1 とすると

$$E_{\rm G} = -\alpha_1 \frac{GM^2}{R}$$

と書ける．したがって，星の全エネルギーは

$$E = E_{\rm i} + E_{\rm G} = \left\langle \frac{u}{\rho} \right\rangle M - \alpha_1 \frac{GM^2}{R}$$

である．

ところで，(6.16) は
$$E_\mathrm{i} = \int_0^M \frac{u}{\rho} dM_r$$
と書けるから，中心密度 ρ_c を用いると，(6.15) より平均の内部エネルギーは
$$\left\langle \frac{u}{\rho} \right\rangle = \alpha_2 \rho_\mathrm{c}^{\Gamma-1}$$
と表せる．ここで，ρ_c を含まない部分を α_2 とした．同様に星の半径も $R = \alpha_3 (M/\rho_\mathrm{c})^{1/3}$ と書けるので，自己重力エネルギーの項は
$$\frac{M^2}{R} = \frac{1}{\alpha_3} M^{5/3} \rho_\mathrm{c}^{1/3}$$
となる．よって，星の全エネルギーは，A，B を正の定数として
$$E = AM\rho_\mathrm{c}^{\Gamma-1} - BM^{5/3}\rho_\mathrm{c}^{1/3}$$
と表すことができる．

星が平衡にある条件は M を一定に保って，$dE/d\rho_\mathrm{c} = 0$，つまり
$$M^{2/3} = \frac{3A}{B}(\Gamma - 1)\rho_\mathrm{c}^{\Gamma-4/3}$$
あるいは
$$\frac{d \ln M}{d \ln \rho_\mathrm{c}} = \frac{3}{2}\left(\Gamma - \frac{4}{3}\right) \tag{6.18}$$
である．その平衡が安定となる条件はエネルギーが極小となること，つまり
$$\frac{d^2 E}{d\rho_\mathrm{c}^2} = A(\Gamma-1)(\Gamma-2)M\rho_\mathrm{c}^{\Gamma-3} + \frac{2}{9}BM^{5/3}\rho_\mathrm{c}^{-5/3} > 0$$
である．平衡の条件をこれに代入すると
$$\frac{B}{3}M^{5/3}\rho_\mathrm{c}^{-5/3}\left(\Gamma - \frac{4}{3}\right) > 0$$
を得る．

したがって，星が安定に存在する条件は $\Gamma > 4/3$，あるいは (6.18) から
$$\frac{dM}{d\rho_\mathrm{c}} > 0 \tag{6.19}$$

である．すなわち，質量が微小量だけ増加したとき中心密度も高くなれば，星は安定である．

一方，静水圧平衡の式 (6.4) と連続の式 (6.3) を組み合わせると

$$\frac{dP}{dM_r} = -\frac{GM_r}{4\pi r^4}$$

となる．この式に $4\pi r^3$ を掛けて積分すると

$$\int_0^M 4\pi r^3 \frac{dP}{dM_r} dM_r = -\int_0^M \frac{GM_r}{r} dM_r$$

となり，右辺は自己重力エネルギー E_G である．左辺は部分積分して

$$\int_0^R 4\pi r^3 \frac{dP}{dr} dr = (4\pi r^3 P)|_{r=R} - 3\int_0^R 4\pi r^2 P \, dr$$

となる．星の表面 $r = R$ で $P = 0$ であり，ポリトロープの場合，(6.15) より $P = (\Gamma - 1)u$ が成り立つので，積分は

$$-3\int_0^R 4\pi r^2 (\Gamma - 1) u \, dr = -3(\Gamma - 1)E_i$$

と書ける．したがって，星が平衡にある条件

$$3(\Gamma - 1)E_i + E_G = 0 \tag{6.20}$$

が得られる．星の全エネルギーは

$$\begin{aligned}E &= E_i + E_G \\ &= -(3\Gamma - 4)E_i\end{aligned} \tag{6.21}$$

と表されるので，星が安定に存在する条件として $\Gamma > 4/3$ が確認される．

特に，$\Gamma = 5/3$ の場合，(6.20) は $2E_i = -E_G$ となる．これを**ビリアル定理**という．

―― 例：円運動 ――

質量 m の質点が質量 M の質点から万有引力を受けて半径 r の円運動をして

いる．円運動の速さを v とすると，遠心力と万有引力のつり合いは

$$m\frac{v^2}{r} = G\frac{mM}{r^2}$$

と書ける．運動エネルギーとポテンシャルエネルギーは

$$E_\mathrm{i} = \frac{1}{2}mv^2, \qquad E_\mathrm{G} = -G\frac{mM}{r}$$

であるから，円運動はビリアル定理を満たしている．

6.3 状態方程式

一般に，密度 ρ，温度 T，圧力 P の間の関係式を**状態方程式**という．通常の理想気体の圧力，高温・低密度での放射圧力，低温・高密度での縮退圧力の表式を求めよう．

(1) 理想気体の状態方程式

粒子の個数密度を n とすると，質量密度は

$$\rho = \mu m_\mathrm{H} n \tag{6.22}$$

である．ただし，$m_\mathrm{H} = 1.6737 \times 10^{-24}$ g は水素原子の質量，μ は粒子の平均分子量である．

平均分子量とは m_H を単位として測った粒子1個の平均質量であり，ガスの化学組成と電離度に依存している．例えば，純粋な水素ガスでは，中性の場合 $\mu = 1$ であるが，完全に電離した場合，水素は陽子と電子に分かれるので $\mu = 1/2$ となる．

数種類の元素からなる一般のガスの平均分子量を考える．元素 i の原子番号を Z_i，質量数を A_i とする．さらに，その質量存在比を X_i，すなわち，ガス 1 g 中に元素 i が X_i g 含まれているとする．総和は $\sum_i X_i = 1$ である．元素 i の個数密度を n_i とすると，その質量密度は $\rho_i = n_i A_i m_\mathrm{H}$ である．完全電離

した状態では，元素 i は $Z_i + 1$ 個の自由粒子を持つので，単位体積中の自由粒子の総数は

$$n = \sum_i (Z_i + 1) n_i = \sum_i \frac{Z_i + 1}{A_i} \frac{\rho_i}{m_H}$$

と書ける．$\rho_i = X_i \rho$ であるから，(6.22) を用いると

$$\frac{1}{\mu} = \sum_i \frac{Z_i + 1}{A_i} X_i \tag{6.23}$$

が得られる．

同じようにして電子の平均分子量 μ_e を求めることもできる．完全電離の場合，元素 i は Z_i 個の自由電子を持つので，電子の数密度は

$$n_e = \sum_i Z_i n_i = \frac{\rho}{m_H} \sum_i \frac{Z_i}{A_i} X_i$$

となる．したがって

$$\frac{1}{\mu_e} = \sum_i \frac{Z_i}{A_i} X_i \tag{6.24}$$

とおけば

$$\rho = \mu_e m_H n_e \tag{6.25}$$

である．

理想気体の圧力は

$$P_g = n k_B T = \frac{k_B}{\mu m_H} \rho T \tag{6.26}$$

と書ける．ここで k_B はボルツマン定数である．

（2）放射の状態方程式

温度 T の黒体放射の分布関数はプランク定数を h，振動数を ν として

$$f(\nu) = \frac{1}{\exp[h\nu/k_B T] - 1} \tag{6.27}$$

であるから，エネルギー密度は

$$u_\mathrm{r} = \frac{8\pi}{h^3} \int_0^\infty \frac{h\nu}{\exp[h\nu/k_\mathrm{B}T] - 1} \left(\frac{h\nu}{c}\right)^2 \frac{h\,d\nu}{c} \tag{6.28}$$

で与えられる．この積分を実行すると

$$u_\mathrm{r} = a_\mathrm{B} T^4 \tag{6.29}$$

が得られる．ここで

$$a_\mathrm{B} = \frac{8\pi^5 k_\mathrm{B}^4}{15 c^3 h^3}$$

は**放射密度定数**である．

問 6.2 (6.28) を積分して (6.29) となることを示せ．

さらに，放射圧力は

$$P_\mathrm{r} = \frac{1}{3} \frac{8\pi}{h^3} \int_0^\infty \frac{h\nu}{c} c \frac{1}{\exp[h\nu/k_\mathrm{B}T] - 1} \left(\frac{h\nu}{c}\right)^2 \frac{h\,d\nu}{c}$$

$$= \frac{1}{3} u_\mathrm{r} \tag{6.30}$$

と表される．

（3）縮退ガスの状態方程式

密度が高くなるとフェルミ粒子は縮退を始め，そのフェルミエネルギーが大きいなら $T \simeq 0$ と近似できる．粒子間の相互作用を無視すると縮退粒子はすべて同様に取り扱えるので，ここでは電子ガスの縮退を考えよう．

電子の個数密度 n_e は p_F をフェルミ運動量として

$$n_\mathrm{e} = \frac{8\pi}{h^3} \int_0^{p_\mathrm{F}} p^2\,dp = \frac{8\pi p_\mathrm{F}^3}{3h^3}$$

となる．逆に密度 ρ を用いると (6.25) よりフェルミ運動量は

6. 相対論的高密度星

$$p_{\text{F}} = \left(\frac{3h^3\rho}{8\pi\mu_e m_{\text{H}}}\right)^{1/3} \tag{6.31}$$

と書ける．ただし，μ_e は電子の平均分子量であり，(6.24) で与えられる．電子1個当りのエネルギーを ε とすると，内部エネルギー密度は

$$u_e = \frac{8\pi}{h^3}\int_0^{p_{\text{F}}} \varepsilon p^2\, dp \tag{6.32}$$

と表され，圧力は

$$P_e = \rho\frac{\partial u_e}{\partial \rho} - u_e \tag{6.33}$$

から求められる．

（ⅰ）非相対論的な場合

$p \ll m_e c$ であるから $\varepsilon = p^2/(2m_e)$ と近似できて

$$u_e = \frac{4\pi p_{\text{F}}^5}{5h^3 m_e} = \frac{3}{10}\left(\frac{3}{8\pi}\right)^{2/3}\frac{h^2}{m_e}\left(\frac{\rho}{\mu_e m_{\text{H}}}\right)^{5/3} \tag{6.34}$$

$$P_e = \frac{2}{3}u_e \tag{6.35}$$

が得られる．

（ⅱ）極端に相対論的な場合

$p \gg m_e c$ であるから $\varepsilon = pc$ となり，p の小さい部分からの積分への寄与は無視できるので

$$u_e = \frac{2\pi c}{h^3}p_{\text{F}}^4 = \frac{3}{4}\left(\frac{3}{8\pi}\right)^{1/3}hc\left(\frac{\rho}{\mu_e m_{\text{H}}}\right)^{4/3} \tag{6.36}$$

$$P_e = \frac{1}{3}u_e \tag{6.37}$$

となる．

したがって，圧力における ρ のべき指数が非相対論的な場合は 5/3，極端に相対論的な場合は 4/3 となる．このことは (6.19) と (6.21) からわかるよ

うに星の安定性と本質的に係わっていることを注意しておく.

(iii) 一般の場合

電子の内部エネルギー密度は

$$u_e = \frac{8\pi}{h^3} \int_0^{p_F} \sqrt{p^2 c^2 + m_e^2 c^4}\, p^2\, dp$$

$$= \frac{8\pi m_e c^2}{\lambda_e^3} I(x) \tag{6.38}$$

である. ここで, $\lambda_e = h/(m_e c)$ は電子のコンプトン波長, $x = p_F/(m_e c)$ である. 積分 $I(x)$ は解析的に計算できる. つまり, $y = p/(m_e c)$ とおくと

$$I(x) = \int_0^x y^2 \sqrt{y^2 + 1}\, dy$$

$$= \frac{1}{8}\left[x\sqrt{1+x^2}(2x^2+1) - \ln(x+\sqrt{x^2+1})\right] \tag{6.39}$$

となる. (6.38) を (6.33) に代入することにより, 相対論的電子の縮退圧力

$$P_e = \frac{\pi m_e c^2}{\lambda_e^3}\left[x\sqrt{1+x^2}\left(\frac{2}{3}x^2 - 1\right) + \ln(x+\sqrt{x^2+1})\right] \tag{6.40}$$

が得られる.

(iv) 中性子ガスの場合

電子ガスの場合と全く同様の議論ができる. ただし, (6.34), (6.36) で $\mu_e = 1$ とし, m_e を中性子の質量 $m_n = 1.6749 \times 10^{-24}$ g におきかえ, (6.38), (6.40) では λ_e を中性子のコンプトン波長におきかえることに注意しなければならない. 通常の状況では, 核子[2]は非相対論的取り扱いで十分であるが, 中性子星のような極限状態では核子も相対論的に取り扱う必要がある. しかし, 実際には核子間の強い相互作用が本質的に状態方程式を決定することになる.

---

2) 核子とは原子核を構成する粒子, すなわち陽子と中性子の総称である.

問 6.3 (6.39) をテイラー展開し，(6.34)，(6.36) を導け．また，(6.40) を展開して同様のことを確かめよ．

問 6.4 (6.38) の $I(x)$ を除く係数の数値を見積もれ．さらに，電子ガスと中性子ガスの場合とでその大きさを比較せよ．

(4) 状態方程式の適用範囲

状態方程式 (6.26)，(6.30)，(6.35)，(6.37) がそれぞれ適用できる温度・密度の領域を求めよう．

$P_\mathrm{g} = P_\mathrm{r}$ となる条件は (6.26) と (6.30) より

$$\frac{\rho}{T^3} = \frac{\mu m_\mathrm{H} a_\mathrm{B}}{3 k_\mathrm{B}} \tag{6.41}$$

である．この境界より高温の領域では放射圧が優勢となる．

$P_\mathrm{g} = P_\mathrm{e}$ となる条件は (6.26) と (6.35) より

$$\frac{T}{\rho^{2/3}} = \frac{1}{5}\left(\frac{3}{8\pi}\right)^{2/3} \frac{h^2}{m_\mathrm{e} k_\mathrm{B} m_\mathrm{H}^{2/3}} \frac{\mu}{\mu_\mathrm{e}^{5/3}} \tag{6.42}$$

となる．この境界より高密度の領域では電子の縮退圧が優勢となる．

$p_\mathrm{F} = m_\mathrm{e} c$ となる条件は (6.31) より

$$\rho = \frac{8\pi}{3} \mu_\mathrm{e} m_\mathrm{H} \left(\frac{m_\mathrm{e} c}{h}\right)^3 \tag{6.43}$$

である．これよりも高い密度の領域で電子は相対論的となる．

この場合，$P_\mathrm{g} = P_\mathrm{e}$ となる条件は (6.37) より

$$\frac{T}{\rho^{1/3}} = \frac{1}{4}\left(\frac{3}{8\pi}\right)^{1/3} \frac{hc}{k_\mathrm{B} m_\mathrm{H}^{1/3}} \frac{\mu}{\mu_\mathrm{e}^{4/3}} \tag{6.44}$$

である．

中性子の縮退圧が効いてくる領域は (6.42) で $\mu_\mathrm{e} = 1$ とし，m_e を m_n におきかえれば得られる．

（5）主系列星

主系列星の内部では電子の縮退圧は無視できて，状態方程式は

$$P = P_g + P_r \tag{6.45}$$

と表せる．全圧力に対するガス圧の比 $\beta = P_g/P$ を導入すると，$P_g = \beta P$，および $P_r = (1-\beta)P$ であるから

$$P = \frac{1}{\beta}\frac{k_B}{\mu m_H}\rho T = \frac{1}{1-\beta}\frac{a_B}{3}T^4$$

と書ける．したがって

$$T = \left(\frac{k_B}{\mu m_H}\frac{3}{a_B}\frac{1-\beta}{\beta}\right)^{1/3}\rho^{1/3} \tag{6.46}$$

$$P = \left(\frac{k_B}{\mu m_H}\right)^{4/3}\left(\frac{3}{a_B}\frac{1-\beta}{\beta^4}\right)^{1/3}\rho^{4/3} \tag{6.47}$$

が得られる．

一般に，β の値は密度の変化に伴って変わるが，もし β が一定ならば，状態方程式 (6.47) は $N=3$，すなわち $\Gamma = 4/3$ のポリトロープとなる．このとき表 6.1 を用いると，星の全質量は (6.13) より

$$M = 8.07\left(\frac{1}{\pi G^3}\right)^{1/2}\left(\frac{k_B}{\mu m_H}\right)^2\left(\frac{3}{a_B}\right)^{1/2}\frac{(1-\beta)^{1/2}}{\beta^2}$$

となり，中心密度 ρ_c によらない．放射圧が効いて β が小さくなるほど質量が大きくなる．

星が断熱的な状態にある場合には $\rho \sim T^3$ であり，放射圧が優勢ならば $P \sim T^4$ なので $P \sim \rho^{4/3}$ となる．前節で調べたことから，このような星は不安定であることがわかる．

問 6.5 太陽中心部は $\beta \simeq 1$ の場合に相当する．太陽の中心圧力を

$$P_c \simeq \frac{GM_\odot^2}{R_\odot^4}$$

と近似し，$\bar{\rho}/\rho_c < 1$ とするとき中心温度の上限を見積もれ．ただし，$\mu = 0.5$ とする．

問 6.6 放射圧に比べて他の圧力が無視できるならば，単位質量当りのエントロピーが一定の場合，$\rho \sim T^3$ となることを示せ.

6.4 白色矮星

　白色矮星は観測的に確かめられていたが，量子統計力学と特殊相対論を組み合わせて得られた縮退電子の状態方程式を用いることにより，チャンドラセカール[3]によって初めてその本質が解明された．その結果，白色矮星が安定に存在できる上限質量，すなわち，チャンドラセカール質量が導かれた．この質量は星の進化の最終段階を決定する重要な量である．白色矮星の質量を太陽程度，半径を地球程度とすると (6.1) から $f \simeq 0.001$ となる．したがって重力が弱く，星の構造はニュートン力学で近似できる．

　状態方程式 (6.40) は解析的に取り扱いにくいので，ここでは (6.34) と (6.36) を用い，密度も一定と仮定して，星の質量と半径の関係を定性的に求めてみよう．

　全質量は

$$M = \frac{4}{3}\pi R^3 \rho$$

であるから，$\rho = 3M/(4\pi R^3)$ である．自己重力エネルギー (6.17) は

$$E_G = -\frac{3}{5}\frac{GM^2}{R} = -a_1 \frac{M^2}{R} \tag{6.48}$$

となる．ここで M, R 以外の因子を a_1 とおいた．

　電子が極端に相対論的な場合，(6.36) を用いると，全内部エネルギー (6.16) は

---

[3] S. Chandrasekhar (1919 – 1995) インド生まれ．白色矮星の内部構造を研究し，上限質量を導出した．

$$E_\mathrm{i} = \frac{4}{3}\pi R^3 u_\mathrm{e} = \frac{3^{5/3}}{2^{11/3}\pi^{2/3}} hc \frac{1}{(\mu_\mathrm{e} m_\mathrm{H})^{4/3}} \frac{M^{4/3}}{R} = a_2 \frac{M^{4/3}}{R} \quad (6.49)$$

と書ける．ただし，a_2 は M，R 以外の因子である．

したがって，全エネルギーは

$$E = E_\mathrm{i} + E_\mathrm{G} = \frac{(a_2 M^{4/3} - a_1 M^2)}{R} \quad (6.50)$$

と表される．$E < 0$ の条件から

$$M < \left(\frac{a_2}{a_1}\right)^{3/2} = \frac{3}{\pi} \frac{5^{3/2}}{2^{11/2}} \left(\frac{hc}{G}\right)^{3/2} \frac{1}{(\mu_\mathrm{e} m_\mathrm{H})^2} = 1.72 \left(\frac{2}{\mu_\mathrm{e}}\right)^2 M_\odot \quad (6.51)$$

を得る．(6.50) を見ると $R \to 0$ で $E \to -\infty$ となり，星は無限に収縮した方が安定である．

実際には，密度は一定でないため上限質量の値が多少異なる．電子が極端に相対論的な場合にはポリトロープ指数 $N = 3$ に対応しているため，星の質量は (6.13) と表 6.1 から

$$M_\mathrm{Ch} = 1.46 \left(\frac{2}{\mu_\mathrm{e}}\right)^2 M_\odot \quad (6.52)$$

と正確に求まる．この M_Ch を**チャンドラセカール質量**という．特筆すべきは，M_Ch が半径あるいは中心密度に無関係に決まっていることである．密度一定の場合から推定するとわかるように，この質量は半径が 0，または中心密度が ∞ という極限状態に対応する．

問 6.7 電子が相対論的になる密度は (6.43) で与えられるから，条件 (6.51) は

$$R < \frac{3}{\pi} \frac{5^{1/2}}{2^{7/2}} \frac{1}{m_\mathrm{H}} \frac{h}{m_\mathrm{e} c} \left(\frac{hc}{G}\right)^{1/2} \simeq 2 \times 10^9\,\mathrm{cm}$$

となることを示せ．ただし，$\mu_\mathrm{e} = 1$ とする．

電子が非相対論的な場合，(6.34) を用いると，全内部エネルギーは

$$E_\mathrm{i} = \frac{3^{7/3}}{2^{13/3}} \frac{1}{5\pi^{4/3}} \frac{h^2}{m_\mathrm{e}} \frac{1}{(\mu_\mathrm{e} m_\mathrm{H})^{5/3}} \frac{M^{5/3}}{R^2} \tag{6.53}$$

となる．全エネルギーは，b_1, b_2 を R に依存しない部分の係数として

$$E = \frac{b_1}{R^2} - \frac{b_2}{R}$$

と書ける．E が最小となる R の値は

$$\begin{aligned}
R &= \frac{2b_1}{b_2} = \frac{3^{4/3}}{2^{10/3}} \frac{1}{\pi^{4/3}} \frac{h^2}{m_\mathrm{e} G} \frac{1}{(\mu_\mathrm{e} m_\mathrm{H})^{5/3}} \frac{1}{M^{1/3}} \\
&= 7.16 \times 10^8 \left(\frac{M}{M_\odot}\right)^{-1/3} \left(\frac{\mu_\mathrm{e}}{2}\right)^{-5/3} \mathrm{cm}
\end{aligned} \tag{6.54}$$

である．

したがって，$M = 1 M_\odot$, $\mu_\mathrm{e} = 2$ の場合，地球程度の大きさの星が安定に存在し，その平均密度は約 $4 \times 10^6 \mathrm{g/cm^3}$ である．

6.5 中性子星

密度が $10^7 \mathrm{g/cm^3}$ を超えると，極端に相対論的な電子のフェルミエネルギー $\varepsilon_\mathrm{F} = p_\mathrm{F} c$ が $1 \mathrm{MeV}$ より大きくなり，中性子と陽子の静止エネルギーの差 $(m_\mathrm{n} - m_\mathrm{p}) c^2 = 1.3 \mathrm{MeV}$ と同程度になるので，電子は原子核に捕獲されて，核内の陽子が中性子に変換される．密度がさらに増加するにつれて，この過程はますます進行し，原子核内で過剰となった中性子が核からあふれ出てきて，結局は縮退を始める．中性子の縮退圧で支えられた星は**中性子星**とよばれている．

星が進化の最終段階で重力崩壊し，中性子星が形成されることはオッペンハイマー[4]たちによって初めて定量的に議論された．中性子星の質量を太陽

---

4) J. R. Oppenheimer (1904‐1967) アメリカ生まれ．星の重力崩壊に関する研究に秀でた．

6.5 中性子星

程度,半径を約 10 km とすると (6.1) から $f \simeq 0.1$ となり,一般相対論の影響が顕著に現れる.

球対称で静水圧平衡にある一般相対論的天体の内部は線素 (5.2) の計量で表される.ただし,星を構成するガスは完全流体とし,(4.73) で与えられる $T^{\mu\nu}$ を用いる.(5.4) と (5.5) より重力場の方程式 (4.79) は

$$e^{-\lambda}\left(\frac{\lambda'}{r} - \frac{1}{r^2}\right) + \frac{1}{r^2} = \frac{8\pi G}{c^2}\rho \qquad (6.55)$$

$$e^{-\lambda}\left(\frac{\nu'}{r} + \frac{1}{r^2}\right) - \frac{1}{r^2} = \frac{8\pi G}{c^4}P \qquad (6.56)$$

と書ける.ただし,プライムは r についての微分を表す.また,(5.6) の代わりにエネルギー運動量保存則 $\nabla_\sigma T_\mu{}^\sigma = 0$ を用いると,$\mu = 1$ の場合は

$$P' + \frac{\nu'}{2}(P + \rho c^2) = 0 \qquad (6.57)$$

である.(6.55) を積分すると

$$e^{-\lambda} = 1 - \frac{2GM_r}{c^2 r} \qquad (6.58)$$

となる.ここで M_r は r より内側の球の質量 (6.2) である.ただし,ρc^2 は星のエネルギー密度であり,静止エネルギーばかりでなく内部エネルギーと重力エネルギーも含んでいることに注意しよう.(6.58) は星の表面でシュヴァルツシルト計量 (5.12) の g_{11} 成分につながる.

(6.56) 〜 (6.58) から (6.4) に対応する一般相対論的な静水圧平衡の式

$$\frac{dP}{dr} = -G\frac{(M_r + 4\pi r^3 P/c^2)(\rho + P/c^2)}{r(r - 2GM_r/c^2)} \qquad (6.59)$$

が得られる.これをトールマン-オッペンハイマー-ヴォルコフ方程式,略して **TOV 方程式**という.

176   6. 相対論的高密度星

問 6.8   (6.56) 〜 (6.58) を用いて TOV 方程式を導け.

TOV 方程式 (6.59) は，$r > GM_r/c^2$ であるので

$$\frac{dP}{dr} \simeq -G\frac{M_r\rho}{r^2}\left(1 + \frac{4\pi r^3 P}{M_r c^2}\right)\left(1 + \frac{P}{\rho c^2}\right)\left(1 + \frac{2GM_r}{rc^2}\right)$$

と近似できる．圧力はエネルギー密度と同じ次元を持つ量であるから，高い圧力は大きな質量密度に相当する．ニュートン力学での (6.4) と比較すると，右辺の 3 つある（　）内の因子だけ重力が実効的に強くなっていることがわかる．

さて，一定密度 ρ_0 の星に対して (6.58) は

$$e^{-\lambda} = 1 - \frac{r^2}{r_0^2}$$

と書ける．ただし

$$r_0 = \sqrt{\frac{3c^2}{8\pi G\rho_0}} \tag{6.60}$$

である．体積要素は線素 (5.2) より

$$dV = 4\pi r^2 e^{\lambda/2}\, dr$$

であるから，星の半径 R まで積分すると体積は

$$\begin{aligned}V &= 4\pi \int_0^R \frac{r^2}{\sqrt{1-(r/r_0)^2}}\, dr \\ &\simeq \frac{4\pi}{3}R^3\left[1 + \frac{3}{10}\left(\frac{R}{r_0}\right)^2\right]\end{aligned} \tag{6.61}$$

と得られる.

星の全質量は $M = (4\pi/3)\rho_0 R^3$ であるから，$M < \rho_0 V$ となる．M は星の外部の重力場を規定する質量であり，星を構成する物質の質量の総和だけでなく，星の内部の重力場それ自身のエネルギーも含んでいる．したがって，

重力場のエネルギーは負であるので，全質量はそのエネルギーに相当する質量だけ小さくなっている．これを重力場の質量欠損という．

問 6.9 密度一定の星の場合，ニュートンの重力ポテンシャルを星全体にわたって積分し，自己重力エネルギーを求めることにより，質量欠損はニュートン力学においても説明できることを示せ．

状態方程式を $P = \gamma \rho c^2$ としよう．$\gamma = 1/3$ の場合はガスが相対論的な極限の場合である．音速は

$$c_s = \left(\frac{\partial P}{\partial \rho}\right)^{1/2}$$

であるから，$\gamma = 1$ の場合は音速が光速に等しくなり，因果律的限界と考えられる．

さて，$p_F = m_n c$ を満たす密度を ρ_n とする．中性子が完全縮退していると考えると

$$\rho_n = \frac{8\pi m_n^4 c^3}{3h^3} = 6.1 \times 10^{15} \, \text{g/cm}^3$$

を得る．

問 6.10 状態方程式 $P = \gamma \rho c^2$ を用い $M_r = Ar$ を仮定する．ただし，γ と A は定数である．$dM_r/dr = A$ から $\rho = A/(4\pi r^2)$ となることを使って，TOV方程式から P, ρ を消去して A を決めよ．さらに，$\rho = \rho_n$ となるところの半径と質量を $\gamma = 1$ と $1/3$ の場合について，それぞれ求めよ．

例：一定密度の内部解

一定密度 ρ_0 で半径 R の星を考えよう．この場合，TOV方程式 (6.59) は解析的に解くことができて

$$\frac{P}{\rho_0 c^2} = \frac{\sqrt{1 - r_*^2} - \sqrt{1 - R_*^2}}{3\sqrt{1 - R_*^2} - \sqrt{1 - r_*^2}} \tag{6.62}$$

となる．ここで $r_* = r/r_0$, $R_* = R/r_0$ であり，(6.60) で与えられる r_0 は

$$r_0 = 13\left(\frac{\rho_0}{10^{15}\,\mathrm{g/cm^3}}\right)^{-1/2}\,\mathrm{km}$$

である．星の半径はせいぜい r_0 程度であることがわかる．星の質量は

$$M = 2.1\left(\frac{R}{10\,\mathrm{km}}\right)^3\left(\frac{\rho_0}{10^{15}\,\mathrm{g/cm^3}}\right)M_\odot$$

と表せる．中性子星の密度を $10^{15}\,\mathrm{g/cm^3}$ とすると半径は $10\,\mathrm{km}$，質量は $2\,M_\odot$ 程度になる．

中性子が縮退するような高密度の状態では，中性子はもはや自由粒子として扱うことができなくなり，核子間の強い相互作用が状態方程式を決定する．TOV方程式 (6.59) からわかるように，質量ばかりでなく高い圧力も重力の源となっているので，中性子星の質量にも上限が存在する．その値は $1.5 \sim 3\,M_\odot$ と考えられているが，正確な値は状態方程式に依存しており，まだ決まっていない．

高密度星の内部構造は一般相対論が効かない場合には (6.4)，効く場合には (6.59) を，それぞれ (6.3) と連立させて解けば求められるが，状態方程式によっては星は不安定になる．一般相対論の効果が強い場合でも (6.19) とほぼ同様の安定条件を得ることができる．

例：中性子星の最大質量

高密度における状態方程式のうち，典型的な3種類を図6.2（a）に示す．(6.59) と (6.3) を解く際の初期条件は中心 $r=0$ で $M_r=0$ および中心密度 ρ_c の値によって決まった P_c である．(6.59) を外向きに数値計算すると，P は単調に減少する．$P=0$ となるところが半径 R であり，そこでの M_r が全質量 M となる．ρ_c の値を変えながら得られた M を図6.2（b）に示す．条件 (6.19) を満たす密度領域で星は安定に存在できる．状態方程式に応じて，質量は異なる

6.5 中性子星　179

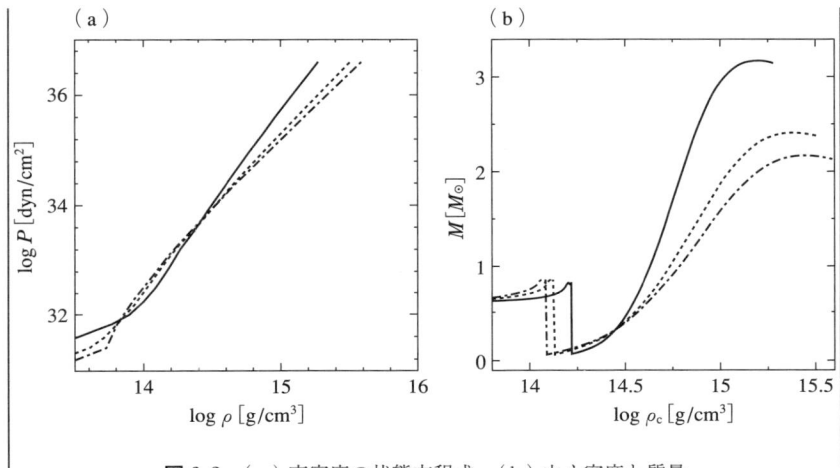

(a)　　　　　　　　　　　(b)

図 6.2 (a) 高密度の状態方程式，(b) 中心密度と質量

が，最大質量は $3.15\,M_\odot$ となる．

　現在までに観測されている中性子星の質量で最大は $2\,M_\odot$ であり，理論計算の範囲内にある．

問 6.11　星が球対称的に重力崩壊しているとき遠方から観測すると，星から放射された光はどんな割合で赤方偏移するか．

　パルサーは回転する中性子星であり，灯台のようにビーム状の電磁波（電波・可視光・X 線）を放射している．そのビームが地球の方向を通るとき，パルスとして観測される．典型的なパルス周期は 1 s である．1054 年に超新星爆発が記録され，後に超新星残骸となった「かに星雲」の中心領域に周期 33 ms で回転しているパルサーが見出され，星の重力崩壊によって中性子星が形成されるというシナリオが確認された．

180　6. 相対論的高密度星

問 6.12　質量 $2M_\odot$，半径 10 km の中性子星が周期 1 s で回転している．星の赤道面上で重力と遠心力の大きさの比をニュートン力学を用いて求めよ．

問 6.13　太陽の自転周期は 27 日である．もし，太陽が質量と角運動量を保存したまま収縮したとする．半径 10 km に収縮したときの自転周期を求めよ．

第6章のまとめ

- ニュートン力学の場合，球対称で静水圧平衡にある星の構造は，ポリトロープの状態方程式を仮定すれば，レーン-エムデン方程式で記述できることを示した．[6.1 節]
- エネルギー平衡論の立場から星が安定に存在できる条件を導いた．[6.2 節]
- 理想気体の圧力，黒体放射の圧力，および特殊相対論の効く縮退ガスの圧力の表式を導き，それぞれの圧力が優勢となる温度・密度の領域を求めた．[6.3 節]
- 電子の縮退圧で支えられた白色矮星が安定に存在できるという条件からチャンドラセカール質量という上限質量を導いた．それは約 $1.5 M_\odot$ である．[6.4 節]
- 一般相対論が効く場合，球対称で静水圧平衡にある星の構造を支配する TOV 方程式を導いた．[6.5 節]
- 中性子の縮退圧で支えられた中性子星にも $1.5 \sim 3 M_\odot$ の上限質量があることを示した．[6.5 節]

······ **アインシュタイン小伝 (6)** ······

1922 年 10 月 8 日，「改造社」の招きで大正デモクラシーの高まる日本へ向けて，

アインシュタインは妻エルザと共にマルセイユを出港した．11月10日にスウェーデン科学アカデミーは1921年度ノーベル物理学賞を「理論物理学に対する貢献，特に光電効果の法則の発見」に対してアインシュタインに授与することを発表．その電報を上海へ向かう船上で受け取った．

11月17日に神戸港に到着．大群衆の出迎えを受け，18日夕，東京駅に降りたときにはホームは人で埋め尽くされていた．さっそく19日に慶應義塾大学中央大講堂で『特殊および一般相対性理論について』を講演した．元東北帝国大学教授石原純の通訳で，途中1時間の休憩を挟み6時間に及ぶものであった．21日は赤坂離宮での観菊御宴に招かれて皇后とフランス語で言葉を交わした．24日は神田青年会館で一般講演『物理学上の時間および空間について』を行い，25日から東京帝国大学理学部で90分の講義プラス60分の質疑応答という形で相対論を6日に分けて講義，長岡半太郎が座長を務めた．その後，仙台，名古屋，京都，大阪，神戸で講演した．一般講演のチケット代は3円（現在の価格で約6000円），長時間にわたる講演のため休憩時間にはパンが販売されたという．

講演の合間には松島，日光，京都，奈良，宮島などを見物，能楽，歌舞伎，芝居を鑑賞したり，すき焼き，天ぷら，刺身や寿司など和食の味を堪能した．しかし歓迎会に招かれても，決して酒は口にしなかった．さらに，人間の扱い方が忌まわしいとして人力車には乗らなかった．

12月23日から門司の三井倶楽部に滞在し，24日は福岡市大博劇場で最後の一般講演を行った．この夜は和風旅館に泊まり，翌日は味噌汁つきの朝食をとった．午後，九州帝国大学の歓迎会に出席し，夜には門司基督教青年会館（YMCA）でクリスマスを祝い，ヴァイオリンでアヴェ・マリアを弾いた．数日間，天候の回復を待った後，29日に門司を出港した．

日本各地で行った8回の一般講演，および東大，一橋大，東工大，早稲田大，東北大，京大，九州大での歓迎会で述べた答礼のスピーチを通して，多くの人々がアインシュタインの言わんとすることに耳を傾けた．

留守中のヨーロッパでは12月10日のノーベル賞受賞式にスウェーデン駐在のドイツ大使が代理で出席して賞を受け取り，1923年3月にドイツ駐在のスウェーデン大使からメダルと賞状を手渡された（賞金はそのままミレーヴァに送金）．そして7月にスウェーデンのイェーテボリを訪れ，『相対論の基本的な考えと問題点』と題してノーベル賞受賞講演を行った．

第7章 宇宙論の基礎

第7章の学習目標
一般相対論の応用として宇宙論の基本的な側面を理解する．

宇宙には多数の銀河や銀河団が存在し，大規模な階層構造を形成している．しかし，それらの銀河が宇宙を構成する基本的な粒子と見なせる程に大域的な空間を考え，宇宙は一様・等方であると近似しよう．さらに，宇宙マイクロ波背景放射（Cosmic Microwave Background Radiation，以下では CMB と略す）の発見と黒体放射としてのスペクトルの確認はビッグバン宇宙論を確固たるものとしてきた．ここではアインシュタイン方程式から膨張宇宙を記述するフリードマン方程式を導出し，簡単な場合における宇宙モデルの解や宇宙の曲率を調べる．さらに，宇宙を構成している銀河，CMB，ダークマターやダークエネルギーの役割を考えよう[1]．

7.1 ハッブルの法則

膨張宇宙においてそれぞれの銀河は後退運動をしているので，銀河と共に動く座標系，すなわち**共動座標系**を採用しよう．簡単のため，図7.1のよう

---
1) この章では慣例により cgs 単位系を採用する．

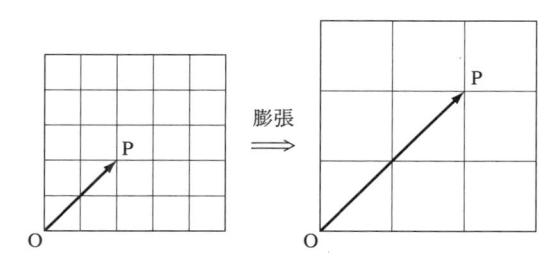

図 7.1 共動座標系

な 2 次元平面上の正方格子を考える．銀河はそれぞれの格子点に位置し，格子 1 目盛の長さを a とする．宇宙は一様であるから，任意の格子点に観測者を置き，そこを原点 O に選ぶことができる．銀河の位置を P として，格子の目盛を単位として測った位置ベクトル $\overrightarrow{\mathrm{OP}}$ を $\boldsymbol{r}$ とすると，実際の位置ベクトルは

$$\boldsymbol{X} = a\boldsymbol{r} \tag{7.1}$$

と書ける．**スケール因子**といわれる a が長さの次元を持ち，$\boldsymbol{r}$ は無次元であることに注意しよう．膨張宇宙では，時間が経過しても観測者と銀河の位置関係は変わらず，格子間隔だけが大きくなる．つまり，共動座標系では $\boldsymbol{r}$ は変化せず a が時間と共に増加する．

観測者から見た銀河の速度は

$$\boldsymbol{v} = \frac{d\boldsymbol{X}}{dt} = \frac{da}{dt}\boldsymbol{r}$$

である．(7.1) を用いると

$$\boldsymbol{v} = H\boldsymbol{X}$$

となる．ここで

$$H = \frac{1}{a}\frac{da}{dt} \tag{7.2}$$

である．a は時間の関数であるから H も時間の関数となるが，H の現在の値 H_0 を**ハッブル定数**という．また，

$$v = H_0 X \tag{7.3}$$

と表したものを**ハッブルの法則**という．これは銀河の後退速度 v が距離 X に比例することを表しており，宇宙膨張の基盤をなす．ハッブル定数の逆数 H_0^{-1} は宇宙年齢のおおよその値を与える．

ハッブルの法則は比較的近くの銀河に対してのみ成り立っていることに注意しよう．7.6 節で述べるように，遠方の銀河を扱う際には，空間の曲率を考慮する必要がある．

7.2 ロバートソン–ウォーカー計量

一様・等方な時空の一般的な線素は極座標 (r, θ, φ) を用いて

$$ds^2 = -c^2 \, dt^2 + e^{2f} (dr^2 + r^2 \, d\theta^2 + r^2 \sin^2 \theta \, d\varphi^2) \tag{7.4}$$

と表すことができる．ここで，$f = f(t, r)$ である．

計量 (7.4) からクリストフェル記号 (4.23) を計算すると，0 でない成分は

$$\Gamma^0_{11} = \frac{1}{c} e^{2f} \dot{f}, \qquad \Gamma^0_{22} = \frac{1}{c} e^{2f} r^2 \dot{f}, \qquad \Gamma^0_{33} = \Gamma^0_{22} \sin^2 \theta,$$

$$\Gamma^1_{01} = \frac{1}{c} \dot{f}, \qquad \Gamma^1_{11} = f', \qquad \Gamma^1_{22} = -(f' r^2 + r),$$

$$\Gamma^1_{33} = \Gamma^1_{22} \sin^2 \theta, \qquad \Gamma^2_{02} = \Gamma^3_{03} = \frac{1}{c} \dot{f}, \qquad \Gamma^2_{12} = \Gamma^3_{13} = f' + \frac{1}{r},$$

$$\Gamma^2_{33} = -\sin \theta \cos \theta, \qquad \Gamma^3_{23} = \cot \theta$$

となる．ここでドットは t についての微分，プライムは r についての微分を表す．リッチテンソル (4.58) は

$$R_{00} = -\frac{3}{c^2} (\ddot{f} + \dot{f}^2)$$

$$R_{01} = -\frac{2}{c} \dot{f}'$$

$$R_{11} = \frac{1}{c^2}e^{2f}(\ddot{f} + 3\dot{f}^2) - 2\left(f'' + \frac{1}{r}f'\right)$$

$$R_{22} = \frac{1}{c^2}e^{2f}r^2(\ddot{f} + 3\dot{f}^2) - (f''r^2 + f'^2r^2 + 3f'r)$$

$$R_{33} = R_{22}\sin^2\theta$$

スカラー曲率 (4.60) は

$$R = \frac{6}{c^2}(\ddot{f} + 2\dot{f}^2) - 2e^{-2f}\left(2f'' + f'^2 + \frac{4}{r}f'\right) \tag{7.5}$$

となる．

したがって，アインシュタインテンソル (4.63) は

$$G^0{}_0 = -\frac{3}{c^2}\dot{f}^2 + e^{-2f}\left(2f'' + f'^2 + \frac{4}{r}f'\right) \tag{7.6}$$

$$G^1{}_1 = -\frac{1}{c^2}(2\ddot{f} + 3\dot{f}^2) + e^{-2f}\left(f'^2 + \frac{2}{r}f'\right) \tag{7.7}$$

$$G^2{}_2 = G^3{}_3 = -\frac{1}{c^2}(2\ddot{f} + 3\dot{f}^2) + e^{-2f}\left(f'' + \frac{1}{r}f'\right) \tag{7.8}$$

$$G^0{}_1 = \frac{2}{c}\dot{f}' \tag{7.9}$$

と書ける．

共動座標系における 4 元速度の成分は

$$u^\mu = (c, 0, 0, 0)$$

であるから，完全流体のエネルギー運動量テンソル (4.73) を用いると

$$T^0{}_0 = -\rho c^2 \tag{7.10}$$

$$\begin{aligned}T^1{}_1 = T^2{}_2 = T^3{}_3 \\ = P\end{aligned} \tag{7.11}$$

が得られる．ここで，密度 ρ と圧力 P は t だけの関数である．

まず，$G^0{}_1 = 0$ であるから (7.9) は

$$\dot{f}' = 0$$

となる．これを積分することにより
$$f = F(r) + \ln a(t) \tag{7.12}$$
の形が得られる．

次に，(7.11) より $G^1_1 = G^2_2$ となるから (7.7) と (7.8) を等しいとおいて
$$f'' + \frac{1}{r}f' = f'^2 + \frac{2}{r}f'$$
を得る．これに (7.12) を代入すると
$$F'' - F'^2 - \frac{1}{r}F' = 0$$
となる．ここで，$F' = ry$ とおけば
$$ry' - r^2 y^2 = 0$$
となるから，積分すると
$$-\frac{1}{y} = \frac{1}{2}r^2 + \frac{2}{k}$$
を得る．ただし，k は定数である．さらに積分すると
$$F = -\ln\left(1 + \frac{1}{4}kr^2\right)$$
となるから (7.12) に代入して
$$e^f = \frac{a}{1 + kr^2/4} \tag{7.13}$$
と書ける．すなわち，線素
$$ds^2 = -c^2\,dt^2 + \frac{a^2(t)}{(1 + kr^2/4)^2}(dr^2 + r^2\,d\theta^2 + r^2 \sin^2\theta\,d\varphi^2) \tag{7.14}$$
が得られる．これは**ロバートソン‐ウォーカー計量**といわれる．前節で述べたように，長さの次元はスケール因子 a が担い，r は無次元である．

解 (7.13) を (7.5) の第 2 項に代入すると

7.2 ロバートソン–ウォーカー計量

$$e^{-2f}\left(2f'' + f'^2 + \frac{4}{r}f'\right) = -\frac{3k}{a^2}$$

となり，宇宙膨張を無視すれば $\dot{f} = \ddot{f} = 0$ であるから，スカラー曲率は

$$R = \frac{6k}{a^2} \tag{7.15}$$

となる．つまり，考えている時空の曲率が一定であることがわかる．k は曲率のパラメーターであり，±1 または 0 の値を取る．曲率半径の次元と数値は a が持っている．

ロバートソン–ウォーカー計量 (7.14) を別の形で表そう．(7.14) において

$$\frac{r}{1 + kr^2/4} = \tilde{r} \tag{7.16}$$

と変換し，$\tilde{r}$ を再び r と書くと

$$ds^2 = -c^2\,dt^2 + a^2(t)\left(\frac{dr^2}{1 - kr^2} + r^2\,d\theta^2 + r^2\sin^2\theta\,d\varphi^2\right) \tag{7.17}$$

が得られる．

問 7.1 座標変換 (7.16) により計量 (7.14) は (7.17) となることを示せ．

(7.17) は，曲率が正 ($k = +1$) の場合には

$$r = \sin\chi$$

とおくと

$$ds^2 = -c^2\,dt^2 + a^2(t)[d\chi^2 + \sin^2\chi(d\theta^2 + \sin^2\theta\,d\varphi^2)] \tag{7.18}$$

となり，曲率が負 ($k = -1$) の場合には

$$r = \sinh\chi$$

とおくと

$$ds^2 = -c^2\,dt^2 + a^2(t)[d\chi^2 + \sinh^2\chi(d\theta^2 + \sin^2\theta\,d\varphi^2)] \tag{7.19}$$

となる．平坦な空間 ($k=0$) の場合は形式的に $r=\chi$ とおいて

$$ds^2 = -c^2 dt^2 + a^2(t)[d\chi^2 + \chi^2(d\theta^2 + \sin^2\theta\, d\varphi^2)] \quad (7.20)$$

と書くことにする．$\chi \ll 1$ のとき，(7.18) および (7.19) は (7.20) に帰着するから，小さな領域を考えるときは空間は平坦と見なしてもよいことが確かめられる．

時刻 t が一定の 3 次元空間の体積は $k=+1$ の場合

$$V = a^3 \int_0^{2\pi} \int_0^{\pi} \int_0^{\pi} \sin^2\chi \sin\theta\, d\chi\, d\theta\, d\varphi = 2\pi^2 a^3 \quad (7.21)$$

となる．これは有限であるので空間は閉じている．一方，$k=0, -1$ の場合の体積は無限大となるので空間は開いている．

7.3 フリードマン方程式

ロバートソン–ウォーカー計量 (7.14) に対する宇宙定数を含む重力場の方程式 (4.80) を求めよう．(7.13) より

$$\dot{f} = \frac{\dot{a}}{a}, \quad f' = -\frac{kr/2}{1+kr^2/4}$$

であるから，(7.6) は

$$G^0{}_0 = -\frac{3}{c^2}\frac{\dot{a}^2}{a^2} - \frac{3k}{a^2}$$

となり，宇宙項を加えて (7.10) を用いると

$$\frac{\dot{a}^2}{a^2} + \frac{kc^2}{a^2} - \frac{\Lambda c^2}{3} = \frac{8\pi G}{3}\rho \quad (7.22)$$

を得る．同様にして，(7.7) は

$$G^1{}_1 = -\frac{1}{c^2}\left(\frac{2\ddot{a}}{a} + \frac{\dot{a}^2}{a^2}\right) - \frac{k}{a^2}$$

となるから，(7.11) を用いると

$$-\frac{2\ddot{a}}{a} - \frac{\dot{a}^2}{a^2} - \frac{kc^2}{a^2} + \Lambda c^2 = \frac{8\pi G}{c^2} P \qquad (7.23)$$

と書ける．(7.22), (7.23) が宇宙膨張を記述する**フリードマン方程式**である．

(7.22) と (7.23) から

$$\frac{d}{dt}(\rho a^3) + \frac{P}{c^2}\frac{da^3}{dt} = 0 \qquad (7.24)$$

が得られるので，今後は (7.23) の代わりに (7.24) を使うことにする．(7.24) はエネルギー運動量保存則 $\nabla_\mu T^\mu{}_0 = 0$ からも直接導くことができる．a^3 を空間の体積 V と見なすならば (7.24) は

$$d(\rho c^2 V) + P\, dV = 0$$

と書くことができるので，宇宙は断熱膨張をしていることがわかる．

問 7.2 (7.22) と (7.23) から (7.24) を導け．さらに，保存則 $\nabla_\mu T^\mu{}_0 = 0$ が (7.24) となることを確かめよ．

フリードマン方程式の意味を理解するために，ニュートン力学との類推を考えてみよう．簡単のため $\Lambda = 0$ とすると，(7.22) は

$$\frac{1}{2}\dot{a}^2 - G\frac{4\pi a^3 \rho}{3a} = -\frac{1}{2}kc^2$$

と表せる．左辺の第 1 項は単位質量当りの運動エネルギー，第 2 項は重力エネルギーであるから，右辺は力学的エネルギー E と見なすことができる．したがって，ニュートン力学の 1 次元運動と比べると，曲率 $k = +1$ の場合は $E < 0$ となるから，a には最大値が存在し，空間が閉じていることになり，$k = 0$, または -1 の場合は $E = 0$, または $E > 0$ となるから，a は無限遠方まで達することができて，空間は開いているということがわかる．さらに，(7.22), (7.23) において $\rho = P = 0$ とおき，和を取ると

$$\ddot{a} = \frac{1}{3}\Lambda c^2 a$$

が得られる．弾性ばねに対するニュートンの運動方程式と比較すればわかるように，$\Lambda > 0$ であれば，宇宙定数の項は距離に比例した斥力を意味している．

宇宙膨張を定性的に調べるために，(7.24) で $P = 0$ とおくと

$$\rho = \rho_0 \left(\frac{a_0}{a}\right)^3 \tag{7.25}$$

が得られる．今後，添字 0 を付した量は現在の値を表すものとする．(7.25) を (7.22) に代入すると

$$\frac{\dot{a}^2}{a^2} = \frac{8\pi G \rho_0}{3} \frac{a_0^3}{a^3} - \frac{kc^2}{a^2} + \frac{\Lambda c^2}{3} \tag{7.26}$$

となる．左辺は負になることはないので

$$\Lambda \geq -\frac{8\pi G \rho_0}{c^2} \frac{a_0^3}{a^3} + \frac{3k}{a^2} \tag{7.27}$$

を満たさなければならない．

$k = +1$ および $0, -1$ の場合における膨張宇宙の振舞を (a, Λ) 平面に模式的に描くと図 7.2 のようになる．ここで，太い実線は (7.27) で等号が成り立つとき，すなわち $\dot{a} = 0$ となるときを表している．Λ が一定の線に沿って a は変化するので，宇宙は矢印で示されたように膨張する．文字 O で示した振動型 (Oscillating) は $a = 0$ から膨張を始め，$\dot{a} = 0$ の点で膨張を止めて，その後，収縮に転じるモデルである．文字 M の単調型 (Monotonic) では宇宙定数の項が優勢であるため，宇宙は留まることなく膨張を続ける．$k = +1$ のモデル M_2 のように有限の a の値から膨張を始める場合もある．文字 A の漸近型 (Asymptotic) は O と M の境界であり，宇宙を満たす物質による万有引力と宇宙定数の斥力が拮抗しているモデルである．

それぞれのモデルにおける a の時間変化を図 7.3 に示す．

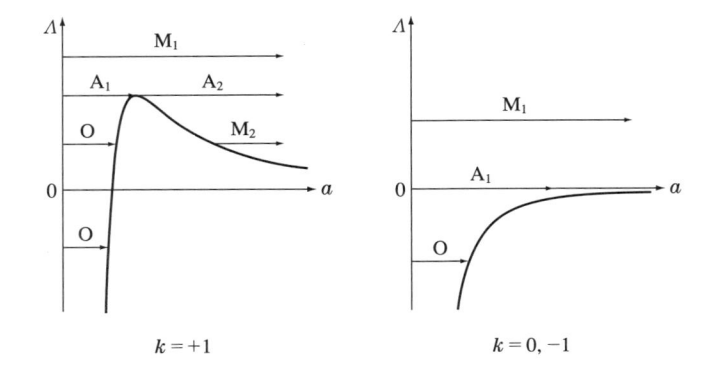

図 7.2 (a, Λ) 平面でのモデルの振舞

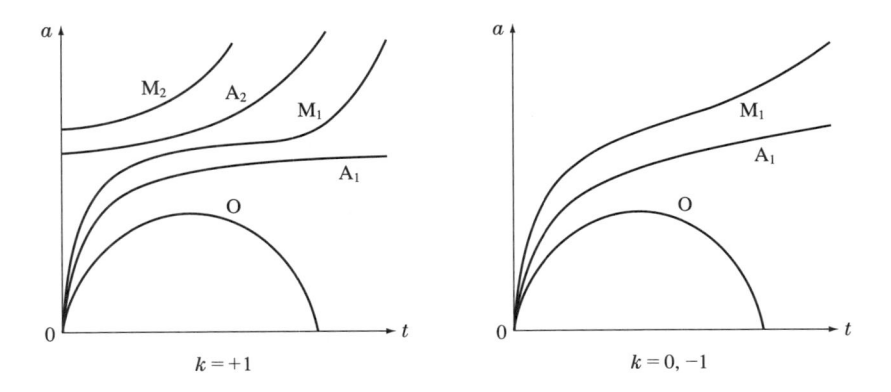

図 7.3 a の時間変化

7.4 宇宙の構成要素

現在の宇宙は多くの銀河と CMB で満たされている．さらに，ダークマターやダークエネルギーなど未知なものの存在も予想されている．ここではそれらの観測量をまとめておこう．

典型的な銀河は約 10^{11} の星を含む．星の質量はおよそ $1M_\odot$ であるから，

7. 宇宙論の基礎

銀河の輝く部分の質量は約 $10^{11}M_\odot$ である．渦巻銀河において，中心から距離 r での星の回転速度を $V(r)$，r までの銀河の質量を M_r とすると，遠心力と重力のつり合いは

$$\frac{V^2}{r} = \frac{GM_r}{r^2} \tag{7.28}$$

と書ける．もし，中心にほとんどの質量が集中しているなら $V(r) \sim r^{-1/2}$ が期待される．一方，観測される $V(r)$ は銀河の外縁部までほぼ一定となっている．つまり，質量は $M_r \sim r$ のように増加していることを示す．銀河の輝く領域を越えて**ダークマター**[2]のハローが存在しているのである．典型的な値として $r = 40\,\mathrm{kpc}$[3]，$V = 300\,\mathrm{km/s}$ を取ると，$M = 8 \times 10^{11}M_\odot$ となり，すべての星を合算した質量の 8 倍にも達する．

楕円銀河は渦巻銀河のように自転していないが，星はランダムな運動をしている．銀河が力学的な平衡にあると仮定すると，6.2 節の最後で述べたビリアル定理を適用できる．銀河の質量を M，半径を R，星の平均 2 乗速度を $\langle V^2 \rangle$ とすると

$$E_i = \frac{1}{2}M\langle V^2 \rangle, \qquad E_G = -\frac{GM^2}{R}$$

であるから

$$\langle V^2 \rangle = \frac{GM}{R}$$

が成り立つ．この式は (7.28) と同じ形をしていることを強調しておく．見積もられた楕円銀河の質量は渦巻銀河の数倍程度である．

銀河の個数密度はおよそ $50\,\mathrm{Mpc}^3$ 当り 1 個であるから，質量密度は

$$\rho_{m0} \simeq 1 \times 10^{-30}\,\mathrm{g/cm}^3 \tag{7.29}$$

---

[2] 素粒子物理学の超対称性理論において存在が予想される粒子であり，ニュートラリーノ，フォティーノ，グラヴィティーノなどが候補に挙がっている．

[3] 天文学では距離を pc (パーセク) 単位で表す．$1\,\mathrm{pc} = 3.09 \times 10^{18}\,\mathrm{cm} = 3.26$ 光年であり，$1\,\mathrm{kpc} = 10^3\,\mathrm{pc}$，$1\,\mathrm{Mpc} = 10^6\,\mathrm{pc}$ である．

である．

CMBは黒体放射のスペクトルを保っているので，宇宙は熱い火の玉として生まれたという**ビッグバン**の証拠であると考えられている．観測された現在の温度は

$$T_{r0} = 2.725\,\text{K} \tag{7.30}$$

であり，天空の全域にわたってほぼ完全に一様である．放射エネルギー密度は (6.29) より

$$u_r = 4.18 \times 10^{-13}\,\text{erg/cm}^3$$

であるから，放射密度への寄与は

$$\rho_{r0} = 4.64 \times 10^{-34}\,\text{g/cm}^3 \tag{7.31}$$

となる．

7.5　フリードマン方程式の解

(7.22) と (7.24) は k と Λ をパラメーターとして3個の変数 a, ρ, P を含んでいるので，解を求めるためには，もう1つの関係式，例えば，P と ρ の関係，すなわち状態方程式が必要となる．

質量 M の銀河の数密度を n とすると質量密度は

$$\rho_m = Mn \tag{7.32}$$

である．理想気体の圧力 (6.26) と同様に，温度を T とすると圧力は

$$P_m = nk_B T$$

で与えられる．しかし，銀河は気体分子のように頻繁に衝突を繰り返してはいないので

$$P_m = 0 \tag{7.33}$$

と近似することができる．

黒体放射の質量密度を $\rho_r = u_r/c^2$ とすると，(6.29) と (6.30) より

である.

$$\rho_r = \frac{a_B T^4}{c^2}, \qquad P_r = \frac{1}{3}\rho_r c^2 \tag{7.34}$$

である.

したがって

$$\rho = \rho_m + \rho_r \tag{7.35}$$

$$P = P_r = \frac{1}{3}\rho_r c^2 \tag{7.36}$$

と書けるので，(7.24) は

$$\frac{d}{dt}(\rho_m a^3) + \frac{1}{a}\frac{d}{dt}(\rho_r a^4) = 0 \tag{7.37}$$

となる．物質と放射の間でエネルギーのやり取りがない場合には，それぞれの項を0として

$$\rho_m \sim a^{-3}, \qquad \rho_r \sim a^{-4} \tag{7.38}$$

が得られる．さらに，$\rho_r \sim T^4$ であるから

$$T \sim a^{-1} \tag{7.39}$$

である．

フリードマン方程式 (7.22) において $\Lambda = 0$ の場合を考える．現在 t_0 での値は

$$\frac{kc^2}{a_0^2} = \frac{8\pi G}{3}\rho_0 - H_0^2 \tag{7.40}$$

となるから，$k = 0$ に相当する密度は

$$\rho_{cr} = \frac{3H_0^2}{8\pi G} = 1.878 \times 10^{-29} \left(\frac{H_0}{100 \text{ km}/(\text{s}\cdot\text{Mpc})}\right)^2 \text{ g/cm}^3 \tag{7.41}$$

である．これを**臨界密度**という．$\Omega_0 = \rho_0/\rho_{cr}$ とすると (7.40) は

$$\frac{kc^2}{a_0^2 H_0^2} = \Omega_0 - 1 \tag{7.42}$$

と書ける．$\Omega_0 > 1$，つまり $\rho_0 > \rho_{cr}$ の場合は $k = +1$ となり，宇宙は閉じて

いる．逆に $\Omega_0 < 1$，つまり $\rho_0 < \rho_{\mathrm{cr}}$ の場合，宇宙は開いている．

密度は (7.38) より

$$\rho = \rho_{\mathrm{m}0}\left(\frac{a_0}{a}\right)^3 + \rho_{\mathrm{r}0}\left(\frac{a_0}{a}\right)^4$$

である．(7.29) と (7.31) の値を用いると，$a_0/a \simeq 2000$ で $\rho_{\mathrm{m}} \simeq \rho_{\mathrm{r}}$ となる．ここで，変数 $x = a/a_0$ と**密度パラメーター**

$$\Omega_{\mathrm{m}} = \frac{\rho_{\mathrm{m}0}}{\rho_{\mathrm{cr}}}, \qquad \Omega_{\mathrm{r}} = \frac{\rho_{\mathrm{r}0}}{\rho_{\mathrm{cr}}}, \qquad \Omega_\Lambda = \frac{\Lambda c^2}{3H_0^2}, \qquad \Omega_k = -\frac{kc^2}{a_0^2 H_0^2}$$

を導入する．ただし

$$\Omega_{\mathrm{m}} + \Omega_{\mathrm{r}} + \Omega_\Lambda + \Omega_k = 1$$

である．このとき (7.22) は

$$\frac{\dot{x}^2}{x^2} = H_0^2 \left(\Omega_\Lambda + \Omega_k \frac{1}{x^2} + \Omega_{\mathrm{m}} \frac{1}{x^3} + \Omega_{\mathrm{r}} \frac{1}{x^4}\right) \tag{7.43}$$

と書きかえられる．したがって，初期条件を $t = 0$ で $x = 0$ とすると

$$H_0 t = H_0 \int_0^t dt = \int_0^x \left(\Omega_\Lambda x^2 + \Omega_k + \Omega_{\mathrm{m}} \frac{1}{x} + \Omega_{\mathrm{r}} \frac{1}{x^2}\right)^{-1/2} dx \tag{7.44}$$

である．積分の上限を $x = 1$ とすると，宇宙の年齢 t_0 が得られる．

それぞれの Ω が特別な値を取る場合には，(7.43) を解析的に解くことができる．以下に，場合分けして説明する．

（1）物質優勢の宇宙

$\Omega_\Lambda = \Omega_{\mathrm{r}} = 0$ とする．$\Omega_k = 1 - \Omega_{\mathrm{m}}$ であるから (7.43) は

$$\frac{dx}{dt} = H_0 \left(1 - \Omega_{\mathrm{m}} + \frac{\Omega_{\mathrm{m}}}{x}\right)^{1/2} \tag{7.45}$$

と書けて，(7.44) は

7. 宇宙論の基礎

$$H_0 t = \int_0^x \frac{x^{1/2} dx}{[(1 - \Omega_{\mathrm{m}})x + \Omega_{\mathrm{m}}]^{1/2}} \tag{7.46}$$

となる.

$\Omega_{\mathrm{m}} = 1$, つまり $k = 0$ であり, 空間が平坦な場合の解は

$$H_0 t = \frac{2}{3} x^{3/2} \tag{7.47}$$

である. 宇宙の年齢は $t_0 = 2/(3H_0)$ となる. 解は

$$\frac{a}{a_0} = \left(\frac{t}{t_0}\right)^{2/3}$$

と表すこともできる.

$\Omega_{\mathrm{m}} > 1$, つまり空間が閉じている ($k = +1$) 場合の解はパラメーター θ を用いて

$$\left.\begin{aligned} x &= \frac{\Omega_{\mathrm{m}}}{2(\Omega_{\mathrm{m}} - 1)} (1 - \cos\theta) \\ H_0 t &= \frac{\Omega_{\mathrm{m}}}{2(\Omega_{\mathrm{m}} - 1)^{3/2}} (\theta - \sin\theta) \end{aligned}\right\} \tag{7.48}$$

と書ける.

同様に, $\Omega_{\mathrm{m}} < 1$, つまり空間が開いている ($k = -1$) 場合の解は

$$\left.\begin{aligned} x &= \frac{\Omega_{\mathrm{m}}}{2(1 - \Omega_{\mathrm{m}})} (\cosh\theta - 1) \\ H_0 t &= \frac{\Omega_{\mathrm{m}}}{2(1 - \Omega_{\mathrm{m}})^{3/2}} (\sinh\theta - \theta) \end{aligned}\right\} \tag{7.49}$$

である.

問 7.3 (7.46) の積分を実行し, $\Omega_{\mathrm{m}} > 1$ の場合の解は (7.48) となり, $\Omega_{\mathrm{m}} < 1$ の場合の解は (7.49) となることを示せ.

積分 (7.46) の上限を $x = 1$ とすると

$$H_0 t_0 = \begin{cases} \dfrac{\Omega_{\mathrm{m}}}{2(\Omega_{\mathrm{m}}-1)^{3/2}} \cos^{-1}\left(\dfrac{2}{\Omega_{\mathrm{m}}}-1\right) - \dfrac{1}{\Omega_{\mathrm{m}}-1} & (\Omega_{\mathrm{m}} > 1) \\ \dfrac{2}{3} & (\Omega_{\mathrm{m}} = 1) \\ \dfrac{1}{1-\Omega_{\mathrm{m}}} - \dfrac{\Omega_{\mathrm{m}}}{2(1-\Omega_{\mathrm{m}})^{3/2}} \cosh^{-1}\left(\dfrac{2}{\Omega_{\mathrm{m}}}-1\right) & (\Omega_{\mathrm{m}} < 1) \end{cases}$$

が得られる．

（2）放射優勢の宇宙

$\Omega_\Lambda = \Omega_{\mathrm{m}} = 0$ とする．(7.38) からわかるように，放射が優勢となるのは $a \ll a_0$ の宇宙初期である．そのときは (7.43) の右辺第 2 項は第 4 項に比べて十分小さく，無視できる．したがって $\Omega_{\mathrm{r}} = 1$ とおくことができ，(7.43) は

$$\frac{dx}{dt} = H_0 \frac{1}{x}$$

となる．解は

$$H_0 t = \frac{1}{2} x^2 \tag{7.50}$$

であり，宇宙の年齢は $t_0 = 1/(2H_0)$ となる．

宇宙初期の高温の状態では粒子の静止エネルギーが無視できる（$k_{\mathrm{B}} T \gg mc^2$）ようになり，これらの極端に相対論的な粒子のエネルギー密度を考慮に入れる必要がある．スピン 1/2，化学ポテンシャル 0 のフェルミ粒子気体のエネルギー密度は，静止エネルギーを無視すると

$$u_{\mathrm{F}} = \frac{8\pi}{h^3} \int_0^\infty \frac{pc}{\exp(pc/k_{\mathrm{B}} T) + 1} p^2 \, dp \tag{7.51}$$

であるから

$$u_{\mathrm{F}} = \frac{7}{8} a_{\mathrm{B}} T^4 \tag{7.52}$$

が得られる．黒体放射のエネルギー密度 (6.29) とは数因子のみが異なる．

問 7.4 (7.51) の積分を実行して (7.52) となることを示せ．

黒体放射ばかりでなく，極端に相対論的な粒子からの寄与も含めた放射のエネルギー密度は，黒体放射エネルギー密度に換算した有効数を g_* とすると

$$\rho_r c^2 = g_* a_B T^4$$

と書ける．例えば，$T \simeq 10^{10}$ K では電子と 3 種類のニュートリノ，およびそれらの反粒子からの寄与があるので $g_* = 8$ である．

放射優勢の宇宙では (7.22) で $k = \Lambda = 0$，$\rho = \rho_r$ とおいて

$$\frac{8\pi G}{3}\rho_r = \frac{\dot{a}^2}{a^2}$$

が成り立つ．(7.50) より

$$\frac{\dot{a}}{a} = \frac{\dot{x}}{x} = \frac{1}{2t}$$

であるから

$$\frac{8\pi G}{3}\rho_r = \frac{1}{4t^2}$$

となり

$$T = \left(\frac{3c^2}{32\pi G g_* a_B}\right)^{1/4}\frac{1}{t^{1/2}} = \frac{1.5 \times 10^{10}}{g_*^{1/4} t^{1/2}} \text{ K} \qquad (7.53)$$

が得られる．ここで t は秒単位で測られた時間である．

このように宇宙初期は高温・高密度の状態にあったことがわかる．

例：プランク時間

(7.38) からわかるように，$t \to 0$，すなわち $a \to 0$ につれて $\rho_m \to \infty$，$\rho_r \to \infty$

となり，理論が破綻してしまう．そこで，tをどこまで小さくできるかを考える．(2.88) で定義した電子のコンプトン波長に則して，質量 M の物体のコンプトン波長を

$$\lambda_C = \frac{h}{Mc} \tag{7.54}$$

とする．一方，その物体の重力半径は数因子を無視すれば GM/c^2 であるから，この2つを等しいとおくと

$$M_P = \left(\frac{ch}{G}\right)^{1/2} \simeq 10^{-5}\,\text{g} \tag{7.55}$$

である．これを**プランク質量**という．

(7.55) を (7.54) に代入すると**プランク長さ**

$$l_P = \left(\frac{Gh}{c^3}\right)^{1/2} \simeq 10^{-33}\,\text{cm} \tag{7.56}$$

を得る．

さらに (7.56) を c で割ると**プランク時間**

$$t_P = \left(\frac{Gh}{c^5}\right)^{1/2} \simeq 10^{-43}\,\text{s} \tag{7.57}$$

が得られる．

$t < t_P$ では量子化が問題となり，もはや時空を連続体として扱うことができなくなる．したがって，一般相対論を基盤とする宇宙論では $t \to 10^{-43}\,\text{s}$ までしか戻ることができない．

(3) 宇宙定数優勢の宇宙

$\varOmega_\Lambda = 1,\ \varOmega_r = \varOmega_m = \varOmega_k = 0$ とすると (7.43) は

$$\frac{1}{x}\frac{dx}{dt} = H_0$$

となる．条件 $t=t_0$ で $x=1$ を満たす解は

$$x = \exp[H_0(t-t_0)], \qquad H_0 = \left(\frac{\Lambda}{3}\right)^{1/2} c$$

であり，$t \gg t_0$ で宇宙は急速に膨張する．

(7.22) からわかるように，宇宙定数 Λ に相当する密度は

$$\rho_\Lambda = \frac{\Lambda c^2}{8\pi G}$$

である．これが一定であるから (7.24) より対応する圧力は $P_\Lambda = -\rho_\Lambda c^2$ となり，負の定数である．負の圧力は張力のようなものである．ゴムの塊を圧縮すれば内部の圧力は増加するが，引っ張れば圧力は減少して負となる．$\rho_\Lambda c^2$ を**ダークエネルギー**という．そのエネルギー密度が一定のため，宇宙が膨張して体積が大きくなればなるほど，ダークエネルギーの総量も増加し，宇宙膨張が加速される．しかし現在のところ，ダークエネルギーの正体はわかっていない．

7.6 見かけの等級と赤方偏移の関係

（1）赤方偏移

計量 (7.17) の下での光の伝播を考える．光の径路は $ds=0$ で与えられ，動径方向へ進む光に対しては $d\theta = d\varphi = 0$ であるから

$$\frac{c^2 dt^2}{a^2(t)} = \frac{dr^2}{1-kr^2} = d\chi^2 \tag{7.58}$$

と書ける．ここで，(7.18)～(7.20) も用いた．

位置 r，すなわち χ にある銀河から時刻 t に発せられた光が原点にいる観測者に時刻 t_0 に届いたとすると，$dr/dt < 0$ であるから

$$\int_0^r \frac{dr}{(1-kr^2)^{1/2}} = \int_0^\chi d\chi = \chi = \int_t^{t_0} \frac{c\,dt}{a(t)} \tag{7.59}$$

である．同様に，その銀河から時刻 $t+\Delta t$ に χ にある銀河から発せられた光が $t_0+\Delta t_0$ に届いたとすると

$$\chi = \int_{t+\Delta t}^{t_0+\Delta t_0} \frac{c\,dt}{a(t)}$$
$$= \left[-\int_t^{t+\Delta t} + \int_t^{t_0} + \int_{t_0}^{t_0+\Delta t_0}\right]\frac{c\,dt}{a(t)}$$

となるので

$$\int_t^{t+\Delta t}\frac{c\,dt}{a(t)} = \int_{t_0}^{t_0+\Delta t_0}\frac{c\,dt}{a(t)}$$

である．

時間 Δt, Δt_0 が十分に短く，その間で $a(t)$ が変化しないとすれば

$$\frac{\Delta t}{a} = \frac{\Delta t_0}{a_0}$$

となる．銀河から発せられた光の波長と振動数を λ, ν，観測された光の波長と振動数を λ_0, ν_0 とすると

$$\frac{\lambda_0}{\lambda} = \frac{\nu}{\nu_0} = \frac{\Delta t_0}{\Delta t} = \frac{a_0}{a} \tag{7.60}$$

が得られる．つまり，宇宙が膨張すれば，スケール因子に比例して波長も長くなる．

波長が伸びた割合は

$$z = \frac{\lambda_0 - \lambda}{\lambda} = \frac{a_0}{a} - 1 \tag{7.61}$$

である[4]．これを**赤方偏移**という．

---

[4] 1.4 節 (4) では λ_0 を発せられた光の固有の波長，λ を観測された波長として用いた．ここでは発せられた光の波長が λ，観測された波長が λ_0 であることに注意してほしい．

問 7.5 初期宇宙における高温のガスは $T \simeq 4000\,\mathrm{K}$ になると，黒体放射スペクトルのピークにおける光子のエネルギーが水素の電離エネルギー 13.6 eV まで低下し，電離水素は電子と再結合して中性水素になる．このときの赤方偏移はいくらか．

（2） 固有距離

積分 (7.59)，すなわち

$$\chi = \int_0^r \frac{dr}{(1-kr^2)^{1/2}} = \int_t^{t_0} \frac{c\,dt}{a(t)} = \int_a^{a_0} \frac{c\,da}{a\dot{a}}$$

を考える．最初の積分は

$$\chi = \begin{cases} \sin^{-1} r & (k=+1) \\ r & (k=0) \\ \sinh^{-1} r & (k=-1) \end{cases}$$

である．

最後の積分の被積分関数における $\dot{a}$ に $\Omega_\Lambda = \Omega_\mathrm{r} = 0$ の物質優勢モデルの (7.45) を用いると

$$\int_0^r \frac{dr}{(1-kr^2)^{1/2}} = \frac{c}{H_0 a_0}\int_x^1 \frac{dx}{x(1-\Omega_\mathrm{m}+\Omega_\mathrm{m}/x)^{1/2}} \quad (7.62)$$

と書ける．

$\Omega_\mathrm{m}=1$ ($k=0$) の場合は

$$r = \frac{2c}{H_0 a_0}(1-x^{1/2}) = \frac{c}{H_0 a_0}2[1-(1+z)^{-1/2}] \quad (7.63)$$

となる．ただし，$x=a/a_0=1/(1+z)$ である．

$\Omega_\mathrm{m}>1$ ($k=+1$) の場合は (7.42) を用いると

$$\sin^{-1} r = \sin^{-1}\left(\frac{\Omega_\mathrm{m}-2}{\Omega_\mathrm{m}}\right) - \sin^{-1}\left[\frac{2(\Omega_\mathrm{m}-1)}{\Omega_\mathrm{m}}x-1\right] \quad (7.64)$$

となるから

$$r = \frac{2c}{H_0 a_0} \frac{\Omega_{\mathrm{m}} z + (\Omega_{\mathrm{m}} - 2)(\sqrt{1 + \Omega_{\mathrm{m}} z} - 1)}{\Omega_{\mathrm{m}}^2 (1 + z)} \quad (7.65)$$

が得られる．

$\Omega_{\mathrm{m}} < 1$ ($k = -1$) の場合は

$$\sinh^{-1} r = \cosh^{-1}\left(\frac{2 - \Omega_{\mathrm{m}}}{\Omega_{\mathrm{m}}}\right) - \cosh^{-1}\left[\frac{2(1 - \Omega_{\mathrm{m}})}{\Omega_{\mathrm{m}}} x + 1\right] \quad (7.66)$$

となり，(7.65) と同じ結果に帰着する．$\Omega_{\mathrm{m}} = 1$ の (7.63) もこの式に含まれるので，(7.65) は物質優勢宇宙の解を与える．

問 7.6 積分 (7.62) は $\Omega_{\mathrm{m}} > 1$ の場合には (7.64) を通して (7.65) となり，$\Omega_{\mathrm{m}} < 1$ の場合には (7.66) を通して (7.65) となることを示せ．

$d_{\mathrm{P}} = a_0 r$ を**固有距離**という．比較的近くの銀河の赤方偏移は $z \ll 1$ であるから，(7.65) は

$$r \simeq \frac{c}{H_0 a_0}\left(z - \frac{\Omega_{\mathrm{m}} - 2}{4} z^2\right) \quad (7.67)$$

と近似できる．第 1 項まで取ると，r は z に比例する．ドップラー効果の (1.40) を使うと銀河の後退速度は

$$v = cz = H_0 d_{\mathrm{P}} \quad (7.68)$$

と書ける．これが 7.1 節で簡単に述べたハッブルの法則 (7.3) である．$z \ll 1$ の範囲でのみ成り立ち，z が大きくなると比例関係からのずれが大きくなり，さらに，Ω_{m} にも依存することを強調しておこう．

問 7.7 赤方偏移 $z = 0.1$ の天体までの固有距離を求めよ．ただし，$\Omega_{\mathrm{m}} = 1$, $H_0 = 75\,\mathrm{km/(s \cdot Mpc)}$ とする．

（3）光度距離

光度 L の光源が距離 d にあるとき，見かけの明るさは

$$b = \frac{L}{4\pi d^2}$$

である．しかし膨張宇宙では，この式に以下の補正を施す必要がある．

　光度とは単位時間に放射するエネルギーであることに注意する．発せられた光のエネルギー $h\nu$ は受け取るときには $h\nu_0 = h\nu/(1+z)$ に赤方偏移されており，時間 Δt は $\Delta t_0 = (1+z)\Delta t$ に引き伸ばされている．さらに，距離は固有距離 $d_P = a_0 r$ で測られる．したがって，見かけの明るさは

$$b = \frac{L}{4\pi (a_0 r)^2 (1+z)^2} \tag{7.69}$$

と表せる．このとき

$$d_L = a_0 r (1+z) \tag{7.70}$$

を**光度距離**という．ただし，$\Omega_\Lambda = \Omega_r = 0$ の場合 r は (7.65) で与えられるが，$\Omega_\Lambda \neq 0$ の場合は (7.43) より

$$\int_0^r \frac{dr}{(1-kr^2)^{1/2}} = \frac{c}{H_0 a_0} \int_x^1 \frac{dx}{x(\Omega_\Lambda x^2 + \Omega_k + \Omega_m/x)^{1/2}} \tag{7.71}$$

で計算される．

（4）等級−赤方偏移の関係

　天文学では星の明るさを等級で表す．星が 100 倍明るいときは 5 等級小さくなる．すなわち，明るさ b の星の見かけの等級は

$$m = -\frac{5}{2}\log b + C$$

と書ける．ただし，C は定数である．明るさは距離によって変化するので，星を 10 pc の距離から見たときの等級を絶対等級 M という．したがって，(7.69) より

$$m - M = 5\log\left(\frac{d_L}{10\,\text{pc}}\right) \tag{7.72}$$

である．例えば，$\Omega_\Lambda = 0$ のモデルで $z \ll 1$ のときは (7.67) より

$$m - M = 42.384 - 5\log\frac{H_0}{100\,\text{km}/(\text{s}\cdot\text{Mpc})} + 5\log z - 0.543(\Omega_\text{m} - 2)z \tag{7.73}$$

と表せる．一般に d_L は赤方偏移 z の関数であるので，(7.72) は等級‐赤方偏移の関係といわれる．観測量と比べることにより，密度パラメーター Ω_m，Ω_Λ の値を決めることができる．

連星系にある白色矮星に相手の星からのガスが降り積もった結果，炭素と酸素から構成されている白色矮星は 6.4 節で述べたチャンドラセカール質量を超えて不安定になり重力崩壊を起こす．この結果，中心付近で ^{12}C + ^{12}C の核燃焼が暴走して白色矮星全体が爆発する．この現象は Ia 型超新星として観測されている．質量がチャンドラセカール質量に限定されているため，爆発の規模にばらつきがほとんどなく，標準光源として用いるのに適している．

Ia 型超新星に対する等級‐赤方偏移の関係から得られた値は

$$H_0 = 70.4\,\text{km}/(\text{s}\cdot\text{Mpc}), \quad \Omega_\Lambda = 0.703, \quad \Omega_\text{m} = 0.297,$$
$$t_0 = 1.34 \times 10^{10}\,\text{yr}$$

である．

一方，COBE によって見出された CMB の温度ゆらぎは WMAP，さらに Planck により詳細に観測され[5]，宇宙モデルを用いて求められたゆらぎの成長シナリオと比較された．その結果

$$H_0 = 67.3\,\text{km}/(\text{s}\cdot\text{Mpc}), \quad \Omega_\Lambda = 0.685, \quad \Omega_\text{m} = 0.315,$$
$$t_0 = 1.38 \times 10^{10}\,\text{yr}$$

が得られた．

---

[5] CMB の観測衛星．1989 年打ち上げの Cosmic Background Explorer Satellite (COBE)，2001 年打ち上げの Wilkinson Microwave Anisotropy Probe (WMAP)，および量子論の創始者プランクに因む 2009 年打ち上げの衛星である．

7.7 ビッグバン元素合成

ガモフ[6]は,この世に存在するすべての元素を宇宙初期に造ってしまおうと企てた.しかし,質量数が5と8に安定な原子核がないために,そこを越えることができず,ヘリウム,重水素,および微量のリチウムが造られるに留まった.それにもかかわらず,年齢が130億年ほどの老齢の星にもヘリウムが確認されていることは,宇宙初期にヘリウムが造られたとするビッグバン理論を支える大きな柱である.さらに,ダークマターを除く通常の物質密度を算出する手がかりも得られるので,元素合成の過程を考えてみよう.

理想気体粒子 i の個数密度を n_i とすると,化学ポテンシャルは

$$\mu_i = k_B T \ln\left[\frac{n_i}{g_i}\frac{h^3}{(2\pi m_i k_B T)^{3/2}}\right] \tag{7.74}$$

である.ただし,m_i と g_i は粒子 i の質量と統計的重みである.

宇宙初期 $t \leq 0.1\,\mathrm{s}$ では $T \geq 3\times 10^{10}\,\mathrm{K}$ と高温であるため,電子,陽電子,ニュートリノが多量に存在していた.中性子と陽子は以下の反応

$$\mathrm{n} + \mathrm{e}^+ \longleftrightarrow \mathrm{p} + \bar{\nu}_e$$
$$\mathrm{n} + \nu_e \longleftrightarrow \mathrm{p} + \mathrm{e}^-$$
$$\mathrm{n} \longleftrightarrow \mathrm{p} + \mathrm{e}^- + \bar{\nu}_e$$

を通して平衡にあり

$$\mu_n + m_n c^2 = \mu_p + m_p c^2 \tag{7.75}$$

が成り立っている.ただし,電子とニュートリノの化学ポテンシャルは小さいとして無視した.(7.74)を代入し,$g_n = g_p = 2$ を用いると,個数比

$$\frac{n_n}{n_p} = \exp\left[-\frac{(m_n - m_p)c^2}{k_B T}\right] \tag{7.76}$$

---

[6] G. Gamow (1904–1968) ロシア生まれ.原子核物理の業績が多い.ビッグバン理論の提唱者.

が得られる．中性子の静止エネルギーが陽子の静止エネルギーより大きいために，平衡状態では中性子の数は陽子よりもやや少ない．

(7.53) で $g_* = 1$ とおくと $t = 1.5\,\mathrm{s}$ のときの温度は $T = 1.2 \times 10^{10}\,\mathrm{K}$ となる．この温度では陽電子は対消滅しており，さらに，ニュートリノが関与する反応の時間が $1.5\,\mathrm{s}$ よりも長くなってしまう．もはや平衡が維持できなくなり，これ以後，中性子は平均寿命 $\tau_\mathrm{n} = 889\,\mathrm{s}$ で自由にベータ崩壊する．$t = 1.5\,\mathrm{s}$ では (7.76) より $n_\mathrm{n}/n_\mathrm{p} = 0.29$ となり，中性子の存在比は

$$X_\mathrm{n} = \frac{n_\mathrm{n}}{n_\mathrm{n} + n_\mathrm{p}} = 0.23$$

となる．したがって，$t \geq 1.5\,\mathrm{s}$ での存在比は

$$X_\mathrm{n}(t) = 0.23\exp\left(-\frac{t-1.5}{\tau_\mathrm{n}}\right) \tag{7.77}$$

で与えられる．この場合，X_n は個数による存在比であるが，$m_\mathrm{n} \simeq m_\mathrm{p}$ であるから，質量による存在比[7]でもあることに注意しておこう．

高温 $T > 2 \times 10^9\,\mathrm{K}$ の状況では，中性子と陽子が重水素[8]に融合する反応と高エネルギー光子が重水素を分解する反応

$$\mathrm{n} + \mathrm{p} \longleftrightarrow \mathrm{D} + \gamma$$

が平衡にあり

$$\mu_\mathrm{n} + m_\mathrm{n}c^2 + \mu_\mathrm{p} + m_\mathrm{p}c^2 = \mu_\mathrm{D} + m_\mathrm{D}c^2 \tag{7.78}$$

である．重水素については $m_\mathrm{D} = 2.0141\,m_\mathrm{u}$, $g_\mathrm{D} = 3$ であるから，(7.78) に (7.74) を代入すると

$$\frac{n_\mathrm{n} n_\mathrm{p}}{n_\mathrm{D}} = \frac{4}{3}\frac{(\pi m_\mathrm{p} k_\mathrm{B} T)^{3/2}}{h^3}\exp\left(-\frac{Q}{k_\mathrm{B} T}\right) \tag{7.79}$$

となる．ただし，$Q = (m_\mathrm{n} + m_\mathrm{p} - m_\mathrm{D})c^2$ である．時間が経過し，温度が下降するにつれて，重水素が急速に増大することがわかる．

---
7) 質量存在比については 6.3 節 (1) を参照のこと
8) 重水素 $^2\mathrm{H}$ は慣習的に D や d の文字で表記されることが多い．

7.4節で述べたように，ダークマターを除く通常の物質について密度の現在の値は大まかに $\rho_{B0} \simeq 10^{-31}\,\mathrm{g/cm^3}$ である．その数密度は $n_{B0} = \rho_{B0}/m_u$ であるから，元素合成の時期 $x = a/a_0 \simeq 10^{-9}$ での数密度は $1\,\mathrm{cm^3}$ 当りおよそ 10^{20} となる．(7.77) と (7.79) を用いると，$T = 8 \times 10^8\,\mathrm{K}$ のとき $n_D \simeq n_n$ が得られる．(7.53) より $t = 3.5 \times 10^2\,\mathrm{s}$ であるから，中性子の存在比は $X_n = 0.15$ となる．

いったん重水素の量が増加すると，以下の原子核反応が急速に進行する．

$$D + n \longrightarrow {}^3H + \gamma$$
$$D + p \longrightarrow {}^3He + \gamma$$

作られた ${}^3H$ と ${}^3He$ は

$$ {}^3H + p \longrightarrow {}^4He + \gamma $$
$$ {}^3He + n \longrightarrow {}^4He + \gamma $$

の反応を通して結局 ${}^4He$ を合成する．

これらの反応が始まるまで崩壊せずに残っていた中性子はすべて ${}^4He$ に取り込まれることになるので，ヘリウムの質量存在比

$$Y = 2X_n = 0.3$$

が得られる．質量存在比が 0.7 もある陽子は元素合成から取り残され，宇宙を構成するガスの主成分となる．

リチウム・ベリリウムまでの軽元素合成に関する核反応ネットワークを図 7.4 に示す．

元素合成の詳細な数値計算は次のように行われる．まず，原子核を構成する物質（核子）密度の現在の値 ρ_{B0}，すなわち，数密度 n_{B0} を与える．温度 T_{r0} は (7.30) であるから，元素合成が行われる時期の温度と数密度は

$$T = \frac{T_{r0}}{x}, \qquad n_B = \frac{n_{B0}}{x^3}$$

であり，時刻は (7.53) より決められる．$t < 1\,\mathrm{s}$ では $n_B = n_n + n_p$ であるから，(7.76) を用いると，n_n と n_p の値を決定できる．次に，核反応のネット

7.7 ビッグバン元素合成

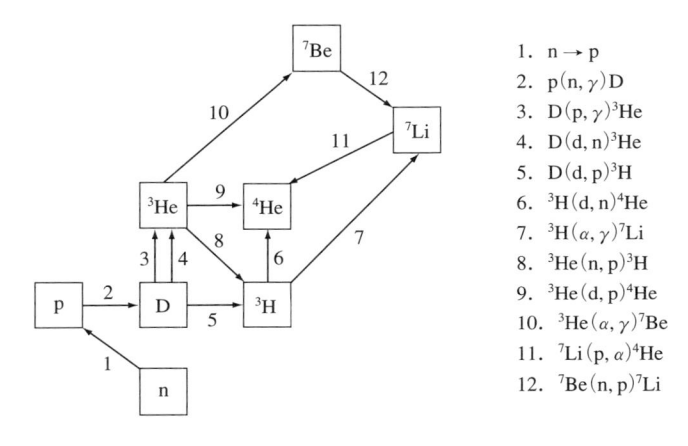

図7.4 軽元素合成の核反応ネットワーク

1. n → p
2. p(n, γ)D
3. D(p, γ)³He
4. D(d, n)³He
5. D(d, p)³H
6. ³H(d, n)⁴He
7. ³H(α, γ)⁷Li
8. ³He(n, p)³H
9. ³He(d, p)⁴He
10. ³He(α, γ)⁷Be
11. ⁷Li(p, α)⁴He
12. ⁷Be(n, p)⁷Li

ワークと組み合わせる．反応率は温度と密度の関数であるので，それぞれの原子核について数密度の時間変化を計算することができる．温度が $T \simeq 3 \times 10^8$ K まで下がると合成反応は実質的に停止するので，元素の最終的な存在量が確定される．

そのような数値計算の結果を図7.5に示す．横軸は 10^{-31} g/cm³ を単位とした物質密度であり，上段の ⁴He はヘリウムの質量存在比，中段の D/H と下段の ⁷Li/H はそれぞれ重水素とリチウム7の水素に対する個数比である．⁷Li の合成量に谷があるのは，密度の低い領域では直接 ⁷Li が作られるが，密度の高い領域では ⁴He + ³He で作られた ⁷Be が後に ⁷Li にベータ崩壊したからである．

観測されたヘリウムの質量存在比は $Y = 0.254 \pm 0.003$，重水素の存在比は D/H $= (2.53 \pm 0.04) \times 10^{-5}$ である．これらの値を図7.5と比べることにより，$\rho_{B0} = (4.05 - 4.22) \times 10^{-31}$ g/cm³ が得られる．$H_0 = 70$ km/(s・Mpc) を用いると，(7.41) より $\rho_{cr} = 9.2 \times 10^{-30}$ g/cm³ であるから，密度パラメーターに書きかえると

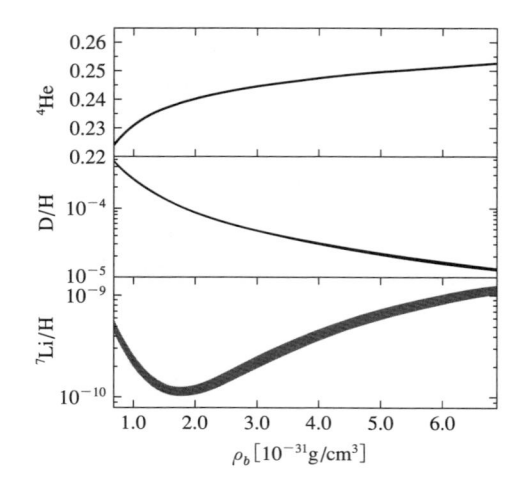

図7.5 元素の合成量

$$\Omega_\mathrm{B} = \frac{\rho_{\mathrm{B}0}}{\rho_\mathrm{cr}} = 0.045$$

となる．$\Omega_\mathrm{m} \simeq 0.3$ であるから，ダークマターは通常の物質より7倍も多く存在していることになる．

第7章のまとめ

- 一様で等方な膨張宇宙において共動座標系を採用することによりハッブルの法則を導いた．[7.1節]
- 一様・等方な時空はロバートソン-ウォーカー計量で記述されることを示した．[7.2節]
- 宇宙定数を含む重力場の方程式から宇宙膨張を支配するフリードマン方程式を導き，物質優勢，放射優勢，および宇宙定数（ダークエネルギー）優勢の場合について，それぞれの解を検討し，宇宙の進化過程を示した．[7.3節，7.5節]
- 遠方の天体までの距離に関して，固有距離と光度距離の違いを明確にした．

[7.6 節]
- 天体の見かけの等級と赤方偏移の関係を導出し，それを Ia 型超新星に適用することにより宇宙年齢が 134 億年であり，現在はダークエネルギーが優勢であることを示した．[7.6 節]
- ビッグバン元素合成を検討し，ヘリウム，重水素，およびリチウム 7 が宇宙初期に造られたこと，通常の物質の密度パラメーターは $\Omega_B = 0.045$ であり，ダークマターがそれより約 7 倍も多く存在することを示した．[7.7 節]

⋯⋯ アインシュタイン小伝 (7) ⋯⋯

1924 年の論文『一原子理想気体の量子論』および『一原子理想気体の量子論（第二論文）』において，ボース統計の理論を展開し，ボース–アインシュタイン凝縮を示唆した．

1925 年，アインシュタインは『重力および電気の統一場理論』を発表し，重力場と電磁場とを統一する研究に着手した．この年にハイゼンベルクの行列力学，翌年シュレーディンガー方程式が発表された．量子力学における波動関数の確率論的解釈に関してボーアと激しく対立し，「神はサイコロを振らない」として，アインシュタインは決定論的観点に固執した．

1928 年には心臓肥大と肉体的衰弱のため，しばらく病床に伏した．この年，息子ハンスはフリーダ・クネヒトとドルトムントで結婚し，1930 年に長男ベルンハルト・カエサルが誕生した．アインシュタインにとって最初の孫である．

1929 年にハッブルの法則が発表されると，宇宙項の導入は「生涯で最大の過ち」であったことを認めた．1930 年にカリフォルニア工科大学客員教授に就任した．1931 年の論文『一般相対性理論の宇宙論的問題』で宇宙項を却下し，2 度と使うことはなかった．1932 年初頭，カリフォルニア滞在中にエイブラハム・フレクスナーから新しい高等研究所を設立する企画を打ち明けられた．12 月再びカリフォルニアに向けて旅立ったが，この後，ドイツに戻ることはなかった．

1933年，ヒトラーが政権に就いた．身の危険を察し，3月にプロシア科学アカデミーに辞表を提出してベルギーに滞在，ブリュッセルで講演をし，王妃エリザベートを交えて四重奏を楽しんだ．チューリッヒで息子エドゥアルトと最後の面会をした後，9月にイギリスを経由して，10月アメリカに亡命し，プリンストン高等研究所教授に着任した．研究所では訪れてくる研究者と議論をしたり，統一場理論の研究に没頭した．1935年にボリス・ポドルスキー，ネイサン・ローゼンと共著で『物理的実在についての量子力学的記述は完全であると考えることができるであろうか』を発表した．いわゆる EPR パラドックスである．

1936年6月に親友，かつ共同研究者であったグロスマンが死去．12月にはエルザが心臓病のため亡くなった．息子ハンスがETHで学位を取得し，1938年にアメリカに移住してきた．この年，共同研究者レオポルト・インフェルトを経済的に援助するため，共著で通俗書『物理学はいかに創られたか』を出版した．独特の集中力と頑固さで統一場の理論を追求し続け，学問的にはますます孤立していった．

1939年，妹マヤ・ヴィンテラーがフィレンツェから移住してきて，一緒に暮らした．8月，原子爆弾の製造に関してナチスに先を越されてはいけないとの危惧にかられて，ルーズヴェルト大統領に研究開発を勧める旨の手紙をレオ・シラードが草稿を書き，アインシュタインが署名して出した．1940年10月1日にアメリカ市民権を得た．しかし，スイス国籍は保持したままである．

1948年5月，ユダヤの国家イスラエルが建国された．8月にミレーヴァが死去．1949年，回顧録『自伝的ノート』を出版した．この頃，高等研究所に滞在していた湯川秀樹と科学の考え方や人類の平和などについて語り合った．1955年4月には，核廃絶のためのパグウォシュ会議を創設することを訴えるラッセル-アインシュタイン声明に署名した．

1955年4月13日午後，自宅にて腹部大動脈瘤が破裂した．しかし，「命を人工的に引き伸ばすのは邪道」として手術を頑固に断った．4月15日にプリンストン病院に入院したが，少し楽になると眼鏡，筆記具と計算用紙を病室に届けさせた．4月18日午前1時15分プリンストン病院にて息を引き取った．享年76歳．

アインシュタインの時代に知られていた力は電磁気力と重力だけであったが，現代では，それに加えて強い力（相互作用）と弱い力が存在している．そして，電磁気力と弱い力は電弱力としてまとめることに成功した．電磁場と重力場を統一するというアインシュタインの夢は大統一理論や超対称性理論に反映されている．

参考文献

［1］　カール・ゼーリッヒ 著，広重徹 訳:『アインシュタインの生涯』（東京図書）
［2］　アブラハム・パイス 著，金子努 他訳:『神は老獪にして…』（産業図書）
［3］　バネシュ・ホフマン，ヘレン・ドゥカス 著，鎮目恭夫 他訳:『アインシュタイン』（河出書房新社）
［4］　アーミン・ヘルマン 編，小林晨作 他訳:『アインシュタイン＝ゾンマーフェルト往復書簡』（法政大学出版局）
［5］　アルベルト・アインシュタイン 著，中村誠太郎 他訳:『晩年に想う』（講談社）
［6］　湯川秀樹 監修:『アインシュタイン選集1, 2, 3』（共立出版）
［7］　矢野健太郎 著:『アインシュタイン伝』（新潮社）
［8］　石原純 著:『アインシュタイン講演録』（東京図書）
［9］　金子努 著:『アインシュタイン・ショックⅠ，Ⅱ』（河出書房新社）
［10］　中本静暁 著:『関門・福岡のアインシュタイン』（新日本教育図書）
［11］　日本物理学会 編:『アインシュタインとボーア』（裳華房）

自筆原稿を含む多くの資料がヘブライ大学のアーカイブにまとめられている．
http://www.alberteinstein.info/

問 題 略 解

第1章

1.1 $\gamma = 1/\sqrt{1-(1-\varepsilon)^2} \simeq 1/\sqrt{2\varepsilon}$

1.2 $x - \beta ct = x'/\gamma$, $ct - \beta x = ct'/\gamma$ を解くと求められる．

1.3 $u = -2c/3$, $v = 3c/5$ を (1.27) に代入すると $u' = -19c/21$

1.4 時間差 $\delta t = \Delta t - \Delta \tau = (1-\sqrt{1-\beta^2})\Delta t \simeq \beta^2(\Delta t/2)$ に $\beta = 4.6 \times 10^{-7}$, $\Delta t = 3600$ s を代入すると $\delta t \simeq 4 \times 10^{-10}$ s

1.5 $\beta = 0.9999$, $\gamma \simeq 71$, $l' = l/\gamma = 0.7$ km

1.6 音速は $v_s = \lambda \nu$, 音源と観測者の距離がちょうど1波長とすると $\lambda' = \lambda + v/\nu = (1 + v/v_s)\lambda$. 観測される振動数は

$$\nu' = \frac{v_s}{\lambda'} = \frac{1}{1 + v/v_s}\nu.$$

観測者が動く場合，観測者に対する音速は $v'_s = v_s - u$. 観測される振動数は

$$\nu' = \frac{v'_s}{\lambda} = \frac{v_s - u}{v_s}\nu.$$

1.7 (1.21) より $ct'_1 = \gamma(l - \beta l)$, $ct'_2 = \gamma(l/2 - 2\beta l)$, $t'_1 = t'_2$ とき $v = -c/2$

1.8 (1) $l' = l\sqrt{1-\beta^2}$

(2) (1.21) より $ct'_1 = \gamma(ct_1 - \beta x_1)$, $ct'_2 = \gamma[ct_1 + l - \beta(x_1 + l)]$ であるから $t'_2 - t'_1 = \gamma(1-\beta)l/c$

1.9 $\beta = 0.8$, $\sqrt{1-\beta^2} = 0.6$

(1) $4.3 \times 0.6/(0.8 \times 0.1) = 32.25$, 32回

(2) Bの往路 $4.3/0.8 = 5.375$ yr に届く信号は $5.375 - 4.3 = 1.075$ yr, 10回

(3) Aは $32.25 \times 2 = 64.5$, 64回．Bは $53.75 \times 2 = 107.5$, 107回．

(4) $107.5 - 64.5 = 43$, Bが4.3歳若い．

第2章

2.1 (2.20) より $1/\sqrt{1-u^2/c^2} = T/(m_0 c^2) + 1$ であるから，$\tau' = \{(T/m_0 c^2) + 1\}\tau$.

問 題 略 解　215

2.2 まず，添字 μ と ν を交換し，次に $S^{\mu\nu}$ の対称性と $A_{\mu\nu}$ の反対称性を用いると，$S^{\mu\nu}A_{\mu\nu} = S^{\nu\mu}A_{\nu\mu} = S^{\mu\nu}(-A_{\mu\nu})$ となるから $S^{\mu\nu}A_{\mu\nu} = 0$.

2.3 略

2.4 $\tilde{\alpha}_\mu{}^\lambda \eta_{\lambda\sigma} \tilde{\alpha}_\nu{}^\sigma$ の左上 2 行 2 列のみを計算すると
$$\begin{pmatrix} \gamma & \gamma\beta \\ \gamma\beta & \gamma \end{pmatrix} \begin{pmatrix} -1 & 0 \\ 0 & 1 \end{pmatrix} \begin{pmatrix} \gamma & \gamma\beta \\ \gamma\beta & \gamma \end{pmatrix} = \begin{pmatrix} -\gamma & \gamma\beta \\ -\gamma\beta & \gamma \end{pmatrix} \begin{pmatrix} \gamma & \gamma\beta \\ \gamma\beta & \gamma \end{pmatrix} = \begin{pmatrix} -1 & 0 \\ 0 & 1 \end{pmatrix}.$$

2.5 $A^2 = 0$ (ゼロベクトル), $B^2 = -2$ (時間的ベクトル), $C^2 = 2$ (空間的ベクトル)

2.6 運動量保存則 $p = \bar{p}\cos\theta + \bar{p}_e\cos\varphi$, $0 = \bar{p}\sin\theta - \bar{p}_e\sin\varphi$ より
$$\bar{p}_e^2 = p^2 - 2p\bar{p}\cos\theta + \bar{p}^2 = (p-\bar{p})^2 + 2p\bar{p}(1-\cos\theta)$$
エネルギー保存則 $cp = c\bar{p} + \bar{p}_e^2/2m_e$ を用いて $\bar{p}_e^2$ を消去すると
$$2m_ec(p-\bar{p}) = (p-\bar{p})^2 + 2p\bar{p}(1-\cos\theta).$$
2 次の微小量 $(p-\bar{p})^2$ を無視し，$p = h/\lambda$ を代入すると
$$\bar{\lambda} - \lambda = \lambda_e(1-\cos\theta).$$

2.7 （1）(1.27) で $u = u_1$, $v = -u_2$ とおくと $u^* = \dfrac{u_1 + u_2}{1 + u_1u_2/c^2}$

（2）$\beta^* = \dfrac{\beta_1 + \beta_2}{1 + \beta_1\beta_2}$ であるから $1 - \beta^{*2} = \dfrac{(1-\beta_1^2)(1-\beta_2^2)}{(1+\beta_1\beta_2)^2}$ となり，$\gamma^* = \gamma_1\gamma_2(1+\beta_1\beta_2)$

2.8 $\gamma_1 = \gamma_2 = 10/0.938 = 10.7$, $\beta_1 = \beta_2 = 0.996$ を前問の結果に代入すると $\gamma^* = 226$, つまり $E^* = 0.938 \times 226 = 212\,\text{GeV}$

2.9 重心系で考える．電子のエネルギーを E_e とすると，エネルギー保存則より光子のエネルギーは $E_\gamma = 2E_e$. これに相当する光子の運動量は $p_\gamma = 2E_e/c$ であるが，運動量保存則より $p_\gamma = 0$ となり矛盾する．したがって，$2E_e/c$ の運動量を持ち去る原子核が必要．

2.10 $u = c/2$ を代入すると $gt = c/\sqrt{3}$, つまり $t = 1.8 \times 10^7\,\text{s}$. よって，
$$\tau \simeq \frac{c}{g}\ln\frac{2gt}{c} = 4.4 \times 10^6\,\text{s}.$$

第 3 章

3.1 $F^*_{\mu\nu} = \partial_\mu A^*_\nu - \partial_\nu A^*_\mu = \partial_\mu(A_\nu + \partial_\nu\psi) - \partial_\nu(A_\mu + \partial_\mu\psi) = F_{\mu\nu}$

3.2 $F_{01} = \partial_0 A_1 - \partial_1 A_0 = \dfrac{1}{c}\dfrac{\partial}{\partial t}A_x - \dfrac{\partial}{\partial x}\dfrac{\phi}{c} = -\dfrac{1}{c}E_x$ など

3.3 Bの向きにz軸を取ると,運動方程式は

$$\frac{d}{dt}\left(\frac{m_0}{\sqrt{1-v^2/c^2}}v_x\right) = qv_yB, \quad \frac{d}{dt}\left(\frac{m_0}{\sqrt{1-v^2/c^2}}v_y\right) = -qv_xB.$$

$\boldsymbol{v}\cdot\boldsymbol{F}=0$であるから$v^2$は一定.したがって,$\omega = qB\sqrt{1-v^2/c^2}/m_0$とおくと

$$\frac{dv_x}{dt} = \omega v_y, \quad \frac{dv_y}{dt} = -\omega v_x. \quad (粒子は角速度\omegaで円運動)$$

3.4 (3.60)において$\delta_\mu{}^\mu = 4$を用いる.

3.5 略

第4章

4.1 (1) $ds^2 = -c^2 dt^2 + dr^2 + r^2 d\varphi^2 + dz^2$

(2) $ds^2 = -c^2 dt^2 + dr^2 + r^2 d\theta^2 + r^2\sin^2\theta\, d\varphi^2$

4.2 $T'^{\mu\nu}{}_{\lambda\rho} = \dfrac{\partial x'^\mu}{\partial x^\alpha}\dfrac{\partial x'^\nu}{\partial x^\beta}\dfrac{\partial x^\gamma}{\partial x'^\lambda}\dfrac{\partial x^\delta}{\partial x'^\rho}T^{\alpha\beta}{}_{\gamma\delta}$

4.3 $\eta_{\mu\nu}$の行列式は-1である.(4.20)の行列式を取れば,$g < 0$となる.

4.4 $g_{\mu\nu}$を行列と見なし,成分$g_{\mu\nu}$の余因子を$A^{\mu\nu}$とすると,反変計量テンソルは $g^{\mu\nu} = \dfrac{1}{g}A^{\mu\nu}$,行列式は$g = A^{\mu\nu}g_{\mu\nu}$,行列式の微分は $\dfrac{\partial g}{\partial x^\mu} = A^{\nu\lambda}\dfrac{\partial g_{\nu\lambda}}{\partial x^\mu}$ であるから $\dfrac{\partial g}{\partial x^\mu} = g g^{\nu\lambda}\dfrac{\partial g_{\nu\lambda}}{\partial x^\mu}$.したがって

$$\Gamma^\nu{}_{\mu\nu} = \frac{1}{2}g^{\nu\lambda}\frac{\partial g_{\nu\lambda}}{\partial x^\mu} = \frac{1}{2g}\frac{\partial g}{\partial x^\mu} = \frac{1}{2(-g)}\frac{\partial(-g)}{\partial x^\mu} = \frac{\partial}{\partial x^\mu}(\ln\sqrt{-g}).$$

4.5 $L = \dfrac{1}{2}g_{\mu\nu}\dot{x}^\mu\dot{x}^\nu$に対するラグランジュ方程式 $\dfrac{d}{d\tau}(g_{\mu\nu}\dot{x}^\nu) - \dfrac{1}{2}\dfrac{\partial}{\partial x^\mu}(g_{\nu\rho})\dot{x}^\nu\dot{x}^\rho = 0$

を変形すると

$$g_{\mu\nu}\ddot{x}^\nu + \frac{1}{2}\left(\frac{\partial g_{\mu\nu}}{\partial x^\rho} + \frac{\partial g_{\mu\rho}}{\partial x^\nu} - \frac{\partial g_{\nu\rho}}{\partial x^\mu}\right)\dot{x}^\nu\dot{x}^\rho = 0$$

$g^{\lambda\mu}$を掛けると(4.29)になる.

4.6 $\nabla_i A^i = \partial_i A^i + \Gamma^i{}_{ik}A^k$, $\Gamma^i{}_{ik} = \partial_k(\ln\sqrt{|g|})$

(1) 円柱座標系:$g = r^2$

$$\text{div}\,A = \frac{\partial A_r}{\partial r} + \frac{1}{r}\frac{\partial A_\varphi}{\partial \varphi} + \frac{\partial A_z}{\partial z} + \frac{1}{r}A_r = \frac{1}{r}\frac{\partial}{\partial r}(rA_r) + \frac{1}{r}\frac{\partial A_\varphi}{\partial \varphi} + \frac{\partial A_z}{\partial z}$$

（2）球座標系：$g = r^4 \sin^2\theta$

$$\text{div}\,\boldsymbol{A} = \frac{\partial A_r}{\partial r} + \frac{1}{r}\frac{\partial A_\theta}{\partial \theta} + \frac{1}{r\sin\theta}\frac{\partial A_\varphi}{\partial \varphi} + \frac{2}{r}A_r + \frac{\cos\theta}{r\sin\theta}A_\theta$$

$$= \frac{1}{r^2}\frac{\partial}{\partial r}(r^2 A_r) + \frac{1}{r\sin\theta}\frac{\partial}{\partial \theta}(\sin\theta\,A_\theta) + \frac{1}{r\sin\theta}\frac{\partial A_\varphi}{\partial \varphi}$$

4.7 $T^{\mu\nu}{}_\lambda = A^\mu B^\nu C_\lambda$ とおき，(4.37)，(4.38) を用いる．

4.8 $\nabla_\mu A_\nu - \nabla_\nu A_\mu = \partial_\mu A_\nu - \Gamma^\lambda{}_{\mu\nu}A_\lambda - (\partial_\nu A_\mu - \Gamma^\lambda{}_{\nu\mu}A_\lambda) = \partial_\mu A_\nu - \partial_\nu A_\mu$

4.9 $\nabla_\mu F^{\mu\nu} = \partial_\mu F^{\mu\nu} + \Gamma^\mu{}_{\mu\lambda}F^{\lambda\nu} + \Gamma^\nu{}_{\mu\lambda}F^{\mu\lambda}$ より，右辺第 3 項は 0 であるから

$$\nabla_\mu F^{\mu\nu} = \partial_\mu F^{\mu\nu} + \partial_\mu(\ln\sqrt{-g})\,F^{\mu\nu} = \frac{1}{\sqrt{-g}}\frac{\partial}{\partial x^\mu}(\sqrt{-g}\,F^{\mu\nu})$$

4.10 反対称性 (4.53)，(4.54) のため，添字の組は $M = N(N-1)/2$ 通り．対称性 (4.55) のため，$M \times M$ の対称行列の独立成分の数は $(M+1)M/2$．条件 (4.56) の数は ${}_N C_4$．したがって，独立成分の数は

$$\frac{1}{2}\left[\frac{N(N-1)}{2} + 1\right]\frac{N(N-1)}{2} - \frac{N(N-1)(N-2)(N-3)}{4!} = \frac{N^2(N^2-1)}{12}.$$

4.11 局所ローレンツ系では

$$\nabla_\sigma R^\lambda{}_{\rho\mu\nu} = \frac{1}{2}g^{\lambda\kappa}(\partial_\sigma\partial_\mu\partial_\rho g_{\kappa\nu} - \partial_\sigma\partial_\mu\partial_\kappa g_{\rho\nu} - \partial_\sigma\partial_\nu\partial_\rho g_{\kappa\mu} + \partial_\sigma\partial_\nu\partial_\kappa g_{\rho\mu})$$

となる．添字 μ, ν, ρ をサイクリックに入れかえて和を取れば 0 となる．

4.12 $T^{00} = \rho c^2$, $T^{0i} = \rho c u^i$, $T^{ij} = \rho u^i u^j + P\eta^{ij}$ であるから，保存則の 0 成分 $\partial_0 T^{00} + \partial_i T^{0i} = 0$ は連続の式

$$\frac{\partial \rho}{\partial t} + \text{div}(\rho \boldsymbol{u}) = 0$$

であり，i 成分 $\partial_0 T^{0i} + \partial_j T^{ij} = 0$ は $\dfrac{\partial}{\partial t}(\rho u^i) + \partial_j(\rho u^i u^j + P\eta^{ij}) = 0$ と書けるから，連続の式を用いると運動方程式

$$\frac{\partial \boldsymbol{u}}{\partial t} + (\boldsymbol{u}\cdot\text{grad})\boldsymbol{u} = -\frac{1}{\rho}\,\text{grad}\,P$$

となる．

第 5 章

5.1 (5.8) に r^2 を掛けたものを r で微分すると

$$e^{-\lambda}(r\nu'' + \nu' - \lambda' - r\nu'\lambda') = 0$$

218　問題略解

$\lambda' = -\nu'$ とおくと $G^2{}_2 = 0$ が導かれる.

5.2 2.95 km, 半径との比は 4.2×10^{-6}.

5.3 $\Gamma^{\lambda}{}_{\mu\nu}$ の 0 でない成分は (5.3) に加えて

$$\Gamma^{0}{}_{00} = \frac{1}{2c}\dot{\nu}, \quad \Gamma^{0}{}_{11} = \frac{1}{2c}e^{\lambda-\nu}\dot{\lambda}, \quad \Gamma^{1}{}_{01} = \frac{1}{2c}\dot{\lambda}. \quad (\text{ただしドットは } t \text{ 微分})$$

$$R_{00} = \frac{1}{2}e^{\nu-\lambda}\left[\nu'' + \frac{\nu'(\nu'-\lambda')}{2} + \frac{2\nu'}{r}\right] - \frac{1}{2c^2}\left[\ddot{\lambda} - \frac{\dot{\lambda}(\dot{\nu}-\dot{\lambda})}{2}\right]$$

$$R_{01} = \frac{1}{cr}\dot{\lambda}$$

$$R_{11} = \frac{1}{2}\left[-\nu'' - \frac{\nu'(\nu'-\lambda')}{2} + \frac{2\lambda'}{r}\right] + \frac{1}{2c^2}e^{\lambda-\nu}\left[\ddot{\lambda} - \frac{\dot{\lambda}(\dot{\nu}-\dot{\lambda})}{2}\right]$$

$$R_{22} = e^{-\lambda}\left[\frac{r(\lambda'-\nu')}{2} - 1\right] + 1, \quad R_{33} = R_{22}\sin^2\theta$$

$R_{01} = 0$ より $\dot{\lambda} = 0$ となり, 時間微分の項がすべて消える. 本文と同様にして $e^{-\lambda} = 1 - r_g/r$, $e^{\nu} = f(t)(1 - r_g/r)$ が得られ, $d\tilde{t} = \sqrt{f(t)}\,dt$ と変換すれば求める形に帰着する.

5.4 $\dfrac{d^2v}{d\varphi^2} + v = \dfrac{3}{4}r_g u_0^2$ の特殊解は $v = \dfrac{3}{4}r_g u_0^2$, $\dfrac{d^2v}{d\varphi^2} + v = -\dfrac{3}{4}r_g u_0^2 \cos 2\varphi$ の解は $v = A\cos 2\varphi$ とおくことにより, $A = r_g u_0^2/4$.

5.5 重力半径は $r_g = 3 \times 10^{14}$ m であるから, $\Delta = 6 \times 10^{-6}$ rad $\simeq 1''$.

第 6 章

6.1 $M = \displaystyle\int_0^R 4\pi r^2 \rho\, dr = 4\pi\rho_c a^3 \int \xi^2 \theta^N\, d\xi$

$= -4\pi\rho_c a^3 \displaystyle\int_0^{\xi_1} \dfrac{d}{d\xi}\left(\xi^2 \dfrac{d\theta}{d\xi}\right)d\xi = 4\pi\rho_c a^3 \dfrac{\phi_1}{N+1}$

(6.11) の a を代入すれば (6.13) となる.

6.2 $x = \dfrac{h\nu}{k_B T}$ とおくと $u_r = \dfrac{8\pi}{h^3 c^3}(k_B T)^4 \mathcal{T}$ が得られる. $\mathcal{T}$ は

$$\mathcal{T} = \int_0^{\infty} \frac{x^3}{e^x - 1}\,dx = \int_0^{\infty} e^{-x}\frac{x^3}{1 - e^{-x}}\,dx = \sum_{m=1}^{\infty}\int_0^{\infty} x^3 e^{-mx}\,dx$$

となる. 部分積分を繰り返すと $\mathcal{T} = 6\displaystyle\sum_{m=1}^{\infty}\dfrac{1}{m^4}$. 和の部分はツェータ関数 $\zeta(4) = \dfrac{\pi^4}{90}$. したがって, $\mathcal{T} = \pi^4/15$ となるから (6.29) が得られる.

6.3 $x \ll 1$ の場合は $\sqrt{1+x^2} = 1 + \frac{1}{2}x^2 - \frac{1}{8}x^4 + \cdots$,
$\ln(x + \sqrt{1+x^2}) = x - \frac{1}{3!}x^3 + \frac{9}{5!}x^5 - \cdots$ であるから $I(x) = \frac{1}{3}x^3 + \frac{1}{10}x^5$

$$u_e = \frac{8\pi m_e c^2}{\lambda_e^3}\left[\frac{1}{3}\left(\frac{p_F}{m_e c}\right)^3 + \frac{1}{10}\left(\frac{p_F}{m_e c}\right)^5\right]$$
$$= n_e m_e c^2 + \frac{3}{10}\left(\frac{3}{8\pi}\right)^{2/3}\frac{h^2}{m_e}\left(\frac{\rho}{\mu_e m_H}\right)^{5/3}.$$

右辺第1項は電子の静止エネルギー密度であり，内部エネルギー密度には加えない．

同様の近似で (6.40) は $P_e = \frac{\pi m_e c^2}{\lambda_e^3}\frac{8}{15}x^5 = \frac{2}{3}u_e$ となる．

$x \gg 1$ の場合は $I(x) = \frac{1}{4}x^4$ であるから (6.34) となり，

$$P_e = \frac{\pi m_e c^2}{\lambda_e^3}\frac{2}{3}x^4 = \frac{1}{3}u_e$$

を得る．

6.4 電子ガスでは 1.44×10^{24} dyne/cm^2，中性子ガスでは $(m_n/m_e)^4 \simeq 10^{13}$ 倍．

6.5 $M = \frac{4\pi}{3}R^3\bar{\rho}$ であるから

$$P_c \simeq \frac{GM^2}{R^4} = \frac{GM}{R}\frac{4\pi}{3}\bar{\rho} < \frac{GM}{R}\frac{4\pi}{3}\rho_c.$$

したがって

$$k_B T_c < \frac{4\pi}{3}\mu m_H \frac{GM}{R}.$$

太陽の値を代入すると，$T_c < 4 \times 10^7$ K を得る．

6.6 単位質量当りのエントロピーを s とする．熱力学第一法則 $T\,ds = d(u/\rho) + P\,d(1/\rho)$ に (6.29)，(6.30) を代入すると

$$T\,ds = d\left(\frac{a_B T^4}{\rho}\right) + \frac{1}{3}a_B T^4 d\left(\frac{1}{\rho}\right) = \frac{4}{3}\frac{a_B T^4}{\rho}d\ln\left(\frac{T^3}{\rho}\right).$$

断熱の条件 $ds = 0$ より求める関係式が得られる．

6.7 (6.43) と (6.51) より

$$R^3 \simeq \frac{3M}{4\pi\rho} < \frac{3^3}{\pi^3}\frac{5^{3/2}}{2^{21/2}}\left(\frac{hc}{G}\right)^{3/2}\frac{1}{(\mu_e m_H)^3}\left(\frac{h}{m_e c}\right)^3.$$

220　問　題　略　解

6.8 (6.56) と (6.58) より
$$\left(1-\frac{2GM_r}{c^2 r}\right)\left(\frac{\nu'}{r}+\frac{1}{r^2}\right)-\frac{1}{r^2}=\frac{8\pi G}{c^4}P$$
つまり
$$\left(1-\frac{2GM_r}{c^2 r}\right)\nu'=\frac{2G}{c^2 r^2}\left(M_r+\frac{4\pi r^3 P}{c^4}\right).$$
この ν' を (6.57) に代入すると (6.59) が得られる.

6.9 (6.17) より
$$E_G=-G\int_0^R \frac{4\pi}{3}\rho_0 r^2 4\pi\rho_0 r^2\,dr=-G\frac{16}{15}\pi\rho_0^2 R^5.$$
これは (6.61) の [ ] 第 2 項に $\rho_0 c^2$ を掛けたものに等しい.

6.10 $\rho=\dfrac{A}{4\pi r^2},\ P=\dfrac{\gamma A c^2}{4\pi r^2},\ \dfrac{dP}{dr}=-\dfrac{\gamma A c^2}{2\pi r^3},$
$$M_r+\frac{4\pi r^3 P}{c^2}=(1+\gamma)Ar,\quad \rho+\frac{P}{c^2}=\frac{(1+\gamma)A}{4\pi r^2}$$
より TOV 方程式は
$$\gamma c^2=G\frac{(1+\gamma)^2 A}{2(1-2GA/c^2)}.\quad \text{したがって}\quad A=\frac{2\gamma}{(1+\gamma)^2+4\gamma}\frac{c^2}{G}.$$
$\rho=\rho_\mathrm{n}$ となる半径と質量は $R=\sqrt{A/(4\pi\rho_\mathrm{n})}$, $M=AR$ であり, $\gamma=1$ の場合 $R=2.1\,\mathrm{km}$, $M=0.34\,M_\odot$, $\gamma=1/3$ の場合 $R=1.9\,\mathrm{km}$, $M=0.27\,M_\odot$.

6.11 (5.15) より波長は $1/\sqrt{1-2GM/(c^2 R)}$ の割合で長くなり, R が減少するにつれて, その割合が増加する.

6.12 重力加速度の大きさは $GM/R^2=2.7\times 10^{14}\,\mathrm{cm/s^2}$, 単位質量当りの遠心力は $\omega^2 R=3.9\times 10^7\,\mathrm{cm/s^2}$ であるから, その比は 7×10^6. 周期 1 s の自転も中性子星にとっては遅い回転である.

6.13 角運動量保存則より ωR^2 が一定であるから, 現在の太陽の自転周期 2.3×10^6 s を用いると, 4.7×10^{-4} s となる. 実際は, 進化の途上においてガスの放出に伴い角運動量の大部分を失うと考えられている.

第 7 章

7.1 (7.16) を微分すると $\dfrac{1-kr^2/4}{(1+kr^2/4)^2}\,dr=d\tilde{r}$ であるから

$$\frac{1}{(1+kr^2/4)^2}\,dr^2 = \frac{(1+kr^2/4)^2}{(1-kr^2/4)^2}\,d\tilde{r}^2 = \frac{1}{1-kr^2/(1+kr^2/4)^2}\,d\tilde{r}^2$$

となり (7.17) に帰する.

7.2 (7.22) に a^2 を掛けて時間微分すると $2\dot{a}\ddot{a} - \frac{2}{3}\Lambda c^2 a\dot{a} = \frac{8\pi G}{3}\frac{d}{dt}(\rho a^2)$. (7.22)

と (7.23) を加えると $-\frac{2\ddot{a}}{a} + \frac{2}{3}\Lambda c^2 = \frac{8\pi G}{3}\left(\rho + \frac{3P}{c^2}\right)$.

したがって $\frac{d}{dt}(\rho a^2) + a\dot{a}\left(\rho + \frac{3P}{c^2}\right) = 0$ であるから (7.24) となる.

保存則 $\nabla_\mu T^\mu{}_0 = 0$ は (7.10) と (7.11) より

$$\partial_0 T^0{}_0 + \Gamma^\mu{}_{\mu 0} T^0{}_0 - (\Gamma^1{}_{10} T^1{}_1 + \Gamma^2{}_{20} T^2{}_2 + \Gamma^3{}_{30} T^3{}_3) = 0.$$

$$\Gamma^1{}_{10} = \Gamma^2{}_{20} = \Gamma^3{}_{30} = \frac{1}{c}\frac{\dot{a}}{a}$$

であるから

$$\frac{d}{dt}(\rho c^2) + 3(\rho c^2 + P)\frac{\dot{a}}{a} = 0$$

となり (7.24) に帰する.

7.3 積分 $\mathcal{T} = \int_0^x \frac{x^{1/2}}{[(1-\Omega_\mathrm{m})x + \Omega_\mathrm{m}]^{1/2}}\,dx$.

$\Omega_\mathrm{m} > 1$ の場合: $x = \frac{\Omega_\mathrm{m}}{\Omega_\mathrm{m}-1}\sin^2\frac{\theta}{2}$ とおくと

$$\mathcal{T} = \frac{\Omega_\mathrm{m}}{(\Omega_\mathrm{m}-1)^{3/2}}\int_0^\theta \sin^2\frac{\theta}{2}\,d\theta = \frac{\Omega_\mathrm{m}}{(\Omega_\mathrm{m}-1)^{3/2}}\frac{1}{2}(\theta - \sin\theta).$$

$\Omega_\mathrm{m} < 1$ の場合: $x = \frac{\Omega_\mathrm{m}}{1-\Omega_\mathrm{m}}\sinh^2\frac{\theta}{2}$ とおくと

$$\mathcal{T} = \frac{\Omega_\mathrm{m}}{(1-\Omega_\mathrm{m})^{3/2}}\int_0^\theta \sinh^2\frac{\theta}{2}\,d\theta = \frac{\Omega_\mathrm{m}}{(1-\Omega_\mathrm{m})^{3/2}}\frac{1}{2}(\sinh\theta - \theta).$$

7.4 問 6.2 と同様に, $x = \frac{pc}{k_\mathrm{B}T}$ とおくと $u_\mathrm{r} = \frac{8\pi}{h^3 c^3}(k_\mathrm{B}T)^4\,\mathcal{T}$

$$\mathcal{T} = \int_0^\infty \frac{x^3}{e^x + 1}\,dx = \int_0^\infty e^{-x}\frac{x^3}{1+e^{-x}}\,dx = \sum_{m=1}^\infty (-1)^{m+1}\int_0^\infty x^3 e^{-mx}\,dx$$

部分積分により $\mathcal{T} = 6\sum_{m=1}^\infty (-1)^{m+1}\frac{1}{m^4}$. 和の部分は

$$\sum_{m=1}^\infty \frac{1}{m^4} - 2\sum_{m=1}^\infty \frac{1}{(2m)^4} = \frac{7}{8}\sum_{m=1}^\infty \frac{1}{m^4} = \frac{7}{8}\frac{\pi^4}{90}$$

となり (7.52) が得られる.

222　問　題　略　解

7.5　(7.30), (7.39), (7.61) より $1+z = a_0/a = T/T_0 \simeq 1500$.

7.6　積分 $\mathcal{J} = \int_x^1 \dfrac{1}{x\,(1-\Omega_\mathrm{m}+\Omega_\mathrm{m}/x)^{1/2}}\,dx$

$\Omega_\mathrm{m} > 1$ の場合：$x = \dfrac{\Omega_\mathrm{m}}{2(\Omega_\mathrm{m}-1)}(\sin\theta+1)$ とおくと

$$\mathcal{J} = \dfrac{1}{\sqrt{\Omega_\mathrm{m}-1}}\int_\theta^\alpha d\theta = \dfrac{1}{\sqrt{\Omega_\mathrm{m}-1}}(\alpha-\theta)$$

ここで $x=1$ のとき $\theta = \alpha$, $\sin\alpha = (\Omega_\mathrm{m}-2)/\Omega_\mathrm{m}$. 物質優勢モデルであるから, $\Omega_0 = \Omega_\mathrm{m}$ として (7.42) を用いると $\sin^{-1}r = \alpha - \theta$ を得る.

$\cos\alpha = \dfrac{2}{\Omega_\mathrm{m}}\sqrt{\Omega_\mathrm{m}-1}$,　$\cos\theta = \dfrac{2\sqrt{\Omega_\mathrm{m}-1}}{\Omega_\mathrm{m}}x\sqrt{\dfrac{\Omega_\mathrm{m}}{x}-\Omega_\mathrm{m}+1}$　より

$r = \sin(\alpha-\theta)$

$\quad = \dfrac{\Omega_\mathrm{m}-2}{\Omega_\mathrm{m}}\dfrac{2\sqrt{\Omega_\mathrm{m}-1}}{\Omega_\mathrm{m}}x\sqrt{\dfrac{\Omega_\mathrm{m}}{x}-\Omega_\mathrm{m}+1}$

$\qquad\qquad - \dfrac{2}{\Omega_\mathrm{m}^2}\sqrt{\Omega_\mathrm{m}-1}\,x\left[2(\Omega_\mathrm{m}-1)-\dfrac{\Omega_\mathrm{m}}{x}\right]$

$\quad = \dfrac{2\sqrt{\Omega_\mathrm{m}-1}}{\Omega_\mathrm{m}^2}\dfrac{1}{1+z}[\Omega_\mathrm{m}z + (\Omega_\mathrm{m}-2)(\sqrt{1+\Omega_\mathrm{m}z}-1)]$

再び (7.42) を用いると (7.65) に帰する.

$\Omega_\mathrm{m} < 1$ の場合：$x = \dfrac{\Omega_\mathrm{m}}{2(1-\Omega_\mathrm{m})}(\cosh\theta-1)$ とおくと $\mathcal{J} = \dfrac{1}{\sqrt{1-\Omega_\mathrm{m}}}\int_\theta^\alpha d\theta$

となり, (7.42) より $\sinh^{-1}r = \alpha - \theta$ が得られる.

$\sinh\alpha = \dfrac{2}{\Omega_\mathrm{m}}\sqrt{1-\Omega_\mathrm{m}}$,　$\sinh\theta = \dfrac{2\sqrt{1-\Omega_\mathrm{m}}}{\Omega_\mathrm{m}}x\sqrt{\dfrac{\Omega_\mathrm{m}}{x}-\Omega_\mathrm{m}+1}$　より

$r = \sinh(\alpha-\theta)$

$\quad = \dfrac{2}{\Omega_\mathrm{m}^2}\sqrt{1-\Omega_\mathrm{m}}\,x\left[2(1-\Omega_\mathrm{m})+\dfrac{\Omega_\mathrm{m}}{x}\right]$

$\qquad\qquad - \dfrac{2-\Omega_\mathrm{m}}{\Omega_\mathrm{m}}\dfrac{2\sqrt{1-\Omega_\mathrm{m}}}{\Omega_\mathrm{m}}x\sqrt{\dfrac{\Omega_\mathrm{m}}{x}-\Omega_\mathrm{m}+1}$

$\quad = \dfrac{2\sqrt{1-\Omega_\mathrm{m}}}{\Omega_\mathrm{m}^2}\dfrac{1}{1+z}[\Omega_\mathrm{m}z + (\Omega_\mathrm{m}-2)(\sqrt{1+\Omega_\mathrm{m}z}-1)]$

となり (7.65) に帰する.

7.7　410 Mpc, すなわち 13 億光年.

索　引

ア
アインシュタインテンソル　118
アインシュタイン方程式　122
アインシュタインリング　153
アンペールの法則　81

イ
Ia 型超新星　205
一般相対性原理　97

ウ
渦巻銀河　192
宇宙定数　123, 190, 200
宇宙の年齢　195
宇宙マイクロ波背景放射　193
運動エネルギー　35
運動方程式　34, 103
運動量　31
　　フェルミ――　167
　　4元――　52

エ
エネルギー運動量テンソル　88
　　完全流体の――　120
　　電磁場の――　88

オ
遠心力　108

カ
化学ポテンシャル　206
核子　169, 208
核分裂反応　36
核融合反応　37
ガリレイの相対性原理　2
ガリレイ変換　2
慣性系　1
慣性質量　98
完全流体のエネルギー運動量テンソル　120

キ
擬スカラー　45
擬テンソル　46
擬ベクトル　45
共動座標系　182
共変　51
　　――成分　42
　　――テンソル　101
　　――微分　109
　　――ベクトル　42, 100
局所ローレンツ系　98
曲率テンソル　114
近日点移動　62, 147

ク
空間的ベクトル　48
クリストフェル記号　105
クルスカル座標　153
クロネッカーのデルタ　43

ケ
計量テンソル　42, 99
ゲージ変換　69
元素合成　206

コ
光円錐　20
光速度一定の原理　7
光度距離　204
黒体放射　166, 193
固有距離　203
固有時間　16
固有質量密度　120
固有振動数　18
固有電荷密度　70
固有の長さ　15
固有の波長　18
コリオリの力　108
混合テンソル　101
コンプトン散乱　54
コンプトン波長　54, 169, 199

サ

作用積分　61, 106, 124

シ

CMB　193, 205
GPS　145
時間的ベクトル　48
仕事　35
事象　20
　——の地平面　139
磁束密度　3, 67
実験室系　56
質量　32
　——欠損　177
　——存在比　165, 208
磁場の強さ　3, 67
シュヴァルツシルト計量　137
シュヴァルツシルトの解　137
シュヴァルツシルト半径　137
重心系　32, 57
重力質量　98
重力赤方偏移　138
重力波　127
重力場の方程式　122
重力半径　137
重力崩壊　36, 174, 179, 205
重力ポテンシャル　120, 137
重力レンズ　152
縮退圧力　169

縮約　49
主系列星　171
状態方程式　165
衝突パラメーター　150

ス

スカラー　45, 99
　——曲率　116
　——積　49
　——ポテンシャル　68
スケール因子　183

セ

静止エネルギー　36
静止質量　34
静水圧平衡　159, 175
世界線　21
世界点　20
赤方偏移　201
　重力——　138
接続係数　103
絶対等級　204
ゼロベクトル　48
全エネルギー　36
全地球測位システム　145
線素　43

ソ

相対性原理　7
　一般——　97
　ガリレイの——　2
測地線　107
　——方程式　107

速度の変換則　12

タ

対称テンソル　45
楕円銀河　192
ダークエネルギー　200
ダークマター　192
脱出速度　140
ダランベール演算子　50

チ

チェレンコフ放射　38
遅延ポテンチャル　93
チャンドラセカール質量　173
中性子　36, 169, 174, 206
　——星　174
超新星　19, 36
　Ia型——　205

ツ

対生成　56
強い等価原理　98

テ

TOV方程式　175
電荷保存の式　68
電荷密度　3, 67
電子　17, 38, 54, 167, 172, 206
電磁テンソル　73
電磁場のエネルギー運動量テンソル　88
電磁場のエネルギー密度

索　引　225

87
電束密度　3, 67
テンソル　45
　アインシュタイン
　　——　118
　エネルギー運動量
　　——　88
　完全流体のエネルギー
　　運動量——　120
　共変——　101
　曲率——　114
　計量——　42, 99
　混合——　101
　対称——　45
　反対称——　45
　反変——　101
　リッチ——　116
　リーマン——　114
電場の強さ　3, 67
電流密度　3, 67

ト

等価原理　97
　強い——　98
　弱い——　98
等級－赤方偏移の関係
　205
等電位面　78
時計の遅れ　16
特殊相対論　7
ドップラー効果　18
　横——　19

ナ

内積　49

ニ

ニュートリノ　17, 38,
　206

ハ

白色矮星　172
バーコフの定理　137
波数ベクトル　192
パーセク　17
ハッブル定数　183
ハッブルの法則　184
波動方程式　3, 70, 128
ハミルトン関数　62
パルサー　179
反対称テンソル　45
反変成分　42
反変テンソル　101
反変ベクトル　42, 45,
　99
万有引力定数　62, 120

ヒ

ビアンギの恒等式　116
光の屈折　151
光の速さ　3
ビッグバン　193
ビリアル定理　164, 192

フ

フェルミ運動量　167
フェルミエネルギー
　174
フェルミ粒子気体　197
双子のパラドックス
　25, 60
ブラックホール　140
プランク時間　199
プランク質量　199
プランク定数　14, 54,
　166
プランク長さ　199
フリードマン方程式
　189

ヘ

平均寿命　17, 207
平均分子量　165
平行移動の条件　109
ベクトル　45
　——ポテンシャル
　68
　共変——　42, 100
　空間的——　48
　時間的——　48
　ゼロ——　48
　反変——　42, 45, 99
　ポインティング——
　88
　4元——　47
ベータ崩壊　36, 207

ホ

ポアソン方程式　120
ポインティングベクトル
　87
放射圧力　167
放射密度定数　167
ポリトロープ　160
ボルツマン定数　166

マ

マイケルソン‐モーリーの実験　6
マクスウェルの応用テンソル　87
マクスウェル方程式　3, 67, 75, 112

ミ

見かけの等級　204
密度パラメーター　195
ミンコフスキー空間　19
ミュー粒子　17

ユ

ユークリッド空間　44
有効ポテンシャル　143

ヨ

4元運動量　52

4元速度　52
4元電磁ポテンシャル　72
4元ベクトル　47
4元力　58
4次元時空　19
4次元体積要素　71
陽子　37, 56, 206
陽電子　37, 206
横ドップラー効果　19
弱い等価原理　98

ラ

ラグランジュ関数　61
ラグランジュ方程式　62, 92, 142

リ

理想気体の圧力　166
リッチテンソル　116
リーマン空間　99

リーマンテンソル　114
臨界密度　194

レ

レーン‐エムデン方程式　160
連続の式　68

ロ

ロバートソン‐ウォーカー計量　186
ローレンスの条件　70
ローレンツ因子　10
ローレンツ収縮　15
ローレンツ変換　9, 31
ローレンツ力　81

著者略歴

橋本 正章(はしもと まさあき)

　1954年福岡県出身．九州大学理学部物理学科卒．九州大学教養部助教授を経て，現在，大学院理学研究院教授．その間，ブルックヘブン国立研究所研究員，マックスプランク天体物理学研究所研究員,パリ天体物理学研究所研究員を歴任．専門は宇宙物理学．理学博士．

荒井 賢三(あらい けんぞう)

　1946年栃木県出身．東北大学理学部物理学科卒．熊本大学名誉教授．在職中，文部省在外研究員としてマックスプランク天体物理学研究所に留学．専門は宇宙物理学．理学博士．

相対論の世界

2014年10月25日　第1版1刷発行

検印省略

定価はカバーに表示してあります．

著作者	橋本　正章
	荒井　賢三
発行者	吉野　和浩
発行所	東京都千代田区四番町 8-1
	電話　03-3262-9166（代）
	郵便番号　102-0081
	株式会社　裳華房
印刷所	三報社印刷株式会社
製本所	牧製本印刷株式会社

社団法人
自然科学書協会会員

JCOPY 〈(社)出版者著作権管理機構 委託出版物〉

本書の無断複写は著作権法上での例外を除き禁じられています．複写される場合は，そのつど事前に，(社)出版者著作権管理機構（電話03-3513-6969，FAX 03-3513-6979，e-mail: info@jcopy.or.jp）の許諾を得てください．

ISBN 978-4-7853-2245-8

Ⓒ 橋本正章・荒井賢三，2014　　Printed in Japan

裳華房テキストシリーズ - 物理学　相対性理論
窪田高弘・佐々木 隆 共著
Ａ５判／198頁／本体2600円＋税

大学初年級程度の解析学と力学の予備知識で理解できるように書かれた入門書．実験と理論との関わりに配慮し，星の重力平衡・中性子星・重力崩壊・重力波や宇宙の問題等も広く取り入れ，相対性理論の今日的な物理的側面も強調した．【目次】特殊相対性理論の基礎／特殊相対論的力学および電磁気学／一般相対性理論の基礎／リーマン幾何学／重力場の方程式／一般相対性理論の実験的検証／星の重力平衡／重力波／膨張宇宙

基礎物理学選書27　相対性理論
江沢 洋 著
Ａ５判／332頁／本体3600円＋税

本書では主に特殊相対性理論について解説した．最初に相対論の全体像を眺めた後に，個々の詳細な解説に入るという構成のため，最初は簡単に，そしてより深く！と，2回繰り返して学習でき，基礎からしっかり丁寧に勉強したい方々に最適．
【目次】相対性理論の歴史／相対論的運動学／相対論的力学／電磁気学／4次元世界／力学の共変形式／電磁気学の共変形式／一般相対性理論へ

物理学選書15　一般相対性理論
内山龍雄 著
Ａ５判／428頁／本体7200円＋税

一般相対性理論の懇切丁寧な参考書．特殊相対論の知識を前提に、テンソル解析やスピノール算，不変変分論など，理解に必要な道具も説明しているので，じっくりと足固めをしながら学習したい人に最適．【目次】一般相対性理論の基礎／テンソル解析／一般相対論的力学および電磁気学／重力場の方程式／不変変分論／重力波／Einstein方程式の厳密解／Einstein方程式の数学的性質／宇宙論への応用／重力場の理論の正準形式

基礎数学選書9　ベクトル解析
武藤義夫 著
Ａ５判／248頁／本体3400円＋税

数学選書2　ベクトル解析　力学の理解のために
岩堀長慶 著
Ａ５判／406頁／本体4900円＋税

テンソル　科学技術のために
石原 繁 著
Ａ５判／210頁／本体3100円＋税

基礎数学選書23　テンソル解析
田代嘉宏 著
Ａ５判／250頁／本体4000円＋税

数学選書11　リーマン幾何学
酒井 隆 著
Ａ５判／434頁／本体6000円＋税

新シリーズ　◆ 量子力学選書 ◆　全8巻（以下続刊）

相対論的量子力学
川村嘉春 著
Ａ５判／368頁／本体4600円＋税

特殊相対性理論と量子力学が融合された理論——相対論的量子力学の入門書．前半では，ディラック方程式の構造と特徴を中心に解説．後半では，相対論的量子力学の検証，とくに荷電粒子と光子の絡んださまざまな散乱過程と，高次の量子補正について考察する．

場の量子論　不変性と自由場を中心にして
坂本眞人 著
Ａ５判／454頁／本体5300円＋税

不変性と自由場の概念に絞って解説した入門書．初学者や独習者に配慮して，詳しい式の導出や説明を極力省かないようにし，得られた式の物理的意味の理解に時間が費やせるようにした．続刊『場の量子論－ゲージ場と摂動論を中心にして－（仮）』も刊行予定．

裳華房ホームページ　http://www.shokabo.co.jp/　　2014年10月現在

表1　定数表

		数因子	MKS	cgs
真空中の光の速さ	c	2.9979	10^{8} m/s	10^{10} cm/s
万有引力定数	G	6.6743	10^{-11} N·m²/kg²	10^{-8} dyne·cm²/g²
プランク定数	h	6.6261	10^{-34} J·s	10^{-27} erg·s
素電荷	e	1.6022	10^{-19} C	
ボルツマン定数	k_B	1.3807	10^{-23} J/K	10^{-16} erg/K
原子質量単位	m_u	1.6605	10^{-27} kg	10^{-24} g
電子の質量	m_e	9.1094	10^{-31} kg	10^{-28} g
陽子の質量	m_p	1.6726	10^{-27} kg	10^{-24} g
中性子の質量	m_n	1.6749	10^{-27} kg	10^{-24} g
水素原子の質量	m_H	1.6737	10^{-27} kg	10^{-24} g
放射密度定数	a_B	7.5655	10^{-16} J/(m³·K⁴)	10^{-15} erg/(cm³·K⁴)
太陽の質量	$M_\odot$	1.9891	10^{30} kg	10^{33} g
太陽の半径	$R_\odot$	6.960	10^{8} m	10^{10} cm
太陽の光度	$L_\odot$	3.846	10^{26} W	10^{33} erg/s
電子の静止エネルギー	$m_e c^2$	511.00	keV	
陽子の静止エネルギー	$m_p c^2$	938.27	MeV	
中性子の静止エネルギー	$m_n c^2$	939.57	MeV	

表2　単位の換算表

電子ボルト	1 eV	$= 1.6022 \times 10^{-19}$ J
秒(角度)	1"	$= 4.8481 \times 10^{-6}$ rad
年	1 yr	$= 3.1557 \times 10^{7}$ s
光年	1 lyr	$= 9.4605 \times 10^{15}$ m
パーセク	1 pc	$= 3.0857 \times 10^{16}$ m